PARKnize パークナイズ

公園化する都市

Open A＋公共R不動産 編

馬場正尊・飯石藍・小川理玖・菊地純平・
木下まりこ・中島彩・和久正義 著

学芸出版社

はじめに

PARKnize the City
—都市は公園化したがっている

馬場正尊

第二次創造期に突入した、公園の現在

　日本における公園は、1873（明治6）年に太政官（当時の最高官庁）から布達が出され、旧社寺の境内（浅草、上野、芝、深川、飛鳥山）を公園としたところから始まっている。1888（明治21）年には、内務省により東京市区改正条例が制定され、国は市街地改善政策として公園を整備しようとしたが、それに充てる財源が乏しかった。だから、公園の整備に関する権限は、費用を負担することになる自治体に委ねられていた。というよりも、公園という施設の定義や制度が未整備だったために、おのずと裁量が現場にあった、というだけだったのだろう。だから、今見ると、初期の公園はやりたい放題である。

　たとえば、1873（明治6）年に整備された上野恩賜公園に今も残る「上野精養軒」や、日本初の西洋公園として1903（明治36）年に開園した日比谷公園のシンボルでもある「日比谷松本楼」といったレストランはこの時期につくられたものだ。結果的にいずれも、その公園のキャラクターを決定づけるほどのインパクトを持ったコンテンツとなっている。これが日本における公園の黎明期——第一次創造期——である。

　時は流れ、国の財政基盤も安定し、都市計画制度も整い始めた。

公園整備に関しても同様で、公園のあり方がきちんと定義され、整備の指針が明確化され、その枠組みに適する事業に予算がつくようになった。その結果、公園は純化され、それから数十年、日本中どこに行っても同じような公園が次々とつくられ続けることになる。
さらに時代が下り、1992年のバブル崩壊以降、日本中の自治体は再び財政困難に陥る。これまでつくってきた公園をはじめとするあらゆる公共施設は、維持管理の財政負担が大きく、ここを否応なく切り詰めなければならなくなった。
いつの時代もお金がなくなると、人は必死で知恵を絞るものらしい。今、公園の枠組みは再び緩くなり、存続のためにあらゆる手を使って管理費用を自ら稼がなければならない時代に逆戻りし始めている。
現在のような混沌期は、不確実で固定化されていない状況だからこそ創造的な制度や手法が発明される黎明期だとも言える。日本の公園は現在、まさにそのような黎明期──第二次創造期──に突入したのではないだろうか。

言葉のマジック、Park-PFI

そんな状況のなか、国土交通省が編み出したのが「Park-PFI (Park-Private Finance Initiative)」(公募設置管理制度)だ。2017年の都市公園法改正により新設されたこの制度は、本来のPFIとは少し違う仕組みであるが、細かな違いを割り切ってネーミングしたことにより、Park-PFIという名称と手法は瞬く間に日本中の自治体に伝搬した。その普及にはコピーライティングのセンスが大きく寄与している。国らしからぬ、吹っ切れたセンスだ。
ここではPark-PFIの詳細な説明は割愛するが、この制度設計の肝は、行政投資が民間投資を誘発する、もしくはその逆、民間投資が行政投資を誘発すること。そもそも両者が揃わなければスタートが切れず、おのずと公民を一蓮托生にしてしまう仕組みにある。

さらにPark-PFIのポテンシャルを感じるのが、民間が小さな投資からでも、このオフィシャルな国の制度を活用することが可能なこと。また自治体がそれに踏み出すための準備や手続きも、かなりシンプルでスピーディーに着手することができるよう設計されていることである。

本来のPFIを行おうとすれば、1999年に制定された「民間資金等の活用による公共施設等の整備等の促進に関する法律」(以下、PFI法)に則り進める必要がある。調査や準備に約2年を要し、それ自体にかなりの予算と専門的な知識が必要となる。だからこそ、本体の総事業規模が大きくないと予算が合わず、必然的に資金的な体力のあるゼネコンなどの大企業が幹事でなければ成立しにくい構図になっていた。結局、お金の流れや負担の順序は変われど、公共施設をめぐるプレイヤーの顔ぶれに大きな変化はないままだった。

しかし、Park-PFIの最大のインパクトは、今まで公共整備に関わりのなかった、正確に言うと、関わりたくてもその関わり方がわからず、おそらくその権利(のようなもの)を有していなかった、地元の小さな企業や組織でも、公共に関われるきっかけをつくったことだ。公共をめぐるプレイヤー・チェンジのトリガーを引いたわけだ。しかもそのプレイヤーたちは、小さく、フットワークが軽く、数が多いため、公園の事業的民主化が加速するきっかけとなった。Park-PFIは、公共整備にありがちなハード・オリエンテッドではなく、コンテンツ・オリエンテッドで話を始めることができる仕組みなのだ。

最近では、Park-PFIの仕組みに乗っているかどうかは大して問題ではなく、公園「のような」空間に対しても、民間が積極的にコミットする動機やチャンスを創出することにつながっている。こうしてPark-PFIは、混沌と創造を助長させることになった。

公園が誘引するコンテンツ

Park-PFIの導入で起きた変化は当初、とてもシンプルだった。公園の中にカフェができ、そこに居場所が安定的に獲得されるのと同時に、商取引が行われ始める。たったそれだけのことが、なぜかこの数十年、できなかった。正確に言えば、Park-PFIの導入前もできたのだが、ほぼすべての自治体がそれをできないものであると認識していたようである。

Park-PFIをきっかけにパンドラの箱が開いたように、日本中の公園にカフェができ始めた。それだけでも大きな一歩だ。

当然、カフェを設置してよければ、公園で他の商取引もできるわけで、人間は当たり前のように次のビジネスを考え始める。ただ不思議なもので、公園という空間があらかじめ持っているパブリックな空気が、ごく自然にコンテンツを選択するフィルターになっているようだ。

公園と似つかわしいコンテンツは何なのか？カフェを標準装備としながら、さらに親和性の高い事業を組み立てる動きが始まる。

公園×○○の多様な展開

その街、そのエリア、そこに関わるプレイヤーなど、それぞれの公園ならではの事情やパラメーターによって、公園と組み合わせる必然性があるコンテンツを考えるようになっていく。「公園×○○（PARK and ○○)」。この「○○」の多様性、展開力によって公園の風景や方向性はいくらでも広がっていくのだと社会が気づくのに時間はかからなかった。

僕たちOpen Aが関わる公園プロジェクトに関しても、その多様性や複雑性が少しずつ広がっていった。日々、公園の設計をしたり、運

2章 | PARKnize（パークナイズ／公園化）

公園ではない場所を「公園」と見立てることでひらける都市の風景を「パークナイズ＝公園化」と称し、その国内外の実例や、公園化を加速するための妄想アイデアを紹介。

個人所有の余剰空間の活用から、行政レベルの都市改革まで、空間のサイズ別に分類し（S／M／L／XL）、公園化によって生まれる人々の行動や風景の変化を探る。

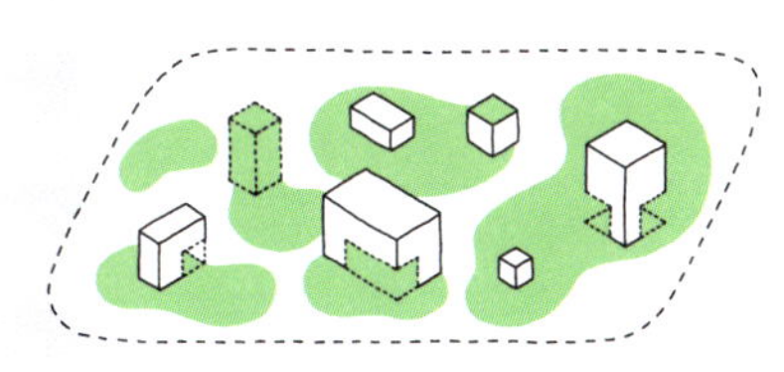

ポイント

- 国内外の建築・都市空間を、公園化の視点から紹介
- 身近な建築・都市空間の公園的活用アイデアをイラストで提案

3章 | Interview

パークナイズの可能性を模索し、さらに拡張していくための、実践者へのインタビュー。

それぞれが手掛けてきたプロジェクトのポイントを紐解きながら、他の専門分野の視点から、パークナイズという概念・手法を俯瞰し、これから必要とされる建築・都市、そこにどのように関わっていくかについて率直に語り合った。

ポイント

- パークナイズの概念・手法を他の専門分野の視点で俯瞰する
- 余白のあるエリア開発、データ活用など、都市を変えていく思考や手法を探る

目次

CHAPTER 1

PARKand

公園と何かを掛け合わせることで、その魅力や可能性が拡張することを、僕らは実践から学んできた。それらを「PARKand」(公園×○○) と呼び、Open Aや公共R不動産のプロジェクトを通したケーススタディを行う。
事業スキームの構築やそのサポートからデザイン・設計、運営事業者を探したり、時には別会社をつくって自らマネジメントまでを担う場合まで、プロジェクトへの関わり方はさまざまだ。
立地や規模、その場所をどのように導きたいか、その街にどのようなステークホルダーがいるかなどによって解答も変わってくる。
ここでは、公園と何らかの機能の組み合わせを、「つなげる/置く/重ねる/見立てる」の4つのパターンに分類した。
連結から融合へ、公園と都市機能は緩やかに一体化し始めている。それが、2章の「PARKnize」(公園化する都市) へとつながっていく。
公園と都市機能の組み合わせは、ここで紹介したものに留まらず、その可能性はまだまだあるはずだ。是非あなたのプロジェクトでも新しい組み合わせに挑戦してもらいたい。

PARKandな12の事業スキーム

設計事務所に求められる役割の多様化

1章では、Open A・公共R不動産が関わってきた公園にまつわるプロジェクトを紹介する。

Open Aはプロジェクトによって、設計だけでなく企画や時には運営まで、柔軟にポジショニングをとりながら関わっている。

企画

コンテンツやターゲットが明確化していない段階から相談を受け、クライアントと一緒に施設の企画を検討し提案する。

事業スキーム検討

行政側として、基本構想や計画の段階で事業スキームについての検討を行う。翻って、民間側として関わる場合も、事業計画や運営を見据えた事業スキームを提案する。

設計

企画を実現するためのデザイン・技術的な設計を行う。

運営

設計した施設の運営をサポートしたり、運営事業者として参画する。

事業スキームの設計こそ、クリエイティブの核心

PARKand（公園×〇〇）な風景を成立させるために多彩な手法を用いてきた。

事業主、敷地、関係者、法令など、さまざまな要件が与えられるが、時にそれが壁になることもある。それらの壁を乗り越えるために、どのようなスキームでクリアしたのかを、事例ごとに「整備」と「運営」の視点から整理しまとめた。

整備スキームや運営スキームの構築は、実はプロジェクトの最もクリエイティブな部分。これからPARKandな取り組みを進めるためのヒントにしてほしい。

p.26-31のスキームの凡例

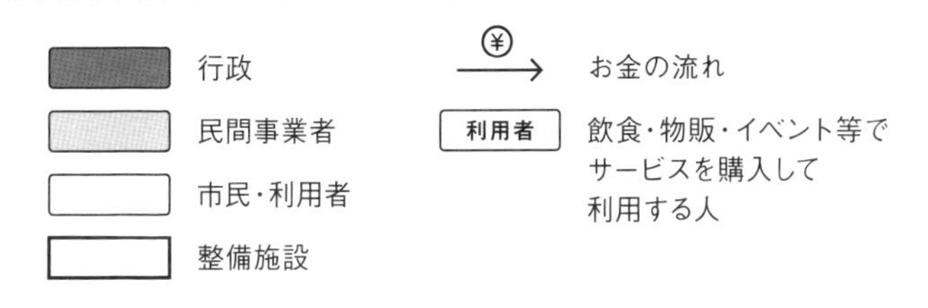

※ 整備・運営スキームは原則、竣工時点のものを記載。

企画 スキーム検討 設計 運営 つなげる

公園×図書館

佐賀城公園 こころざしのもり

所在地	佐賀県佐賀市
事業手法	直営・指定管理者制度
事業主	佐賀県
運営者	久保造園・アメックスグループ
竣工年	2018年

整備スキーム

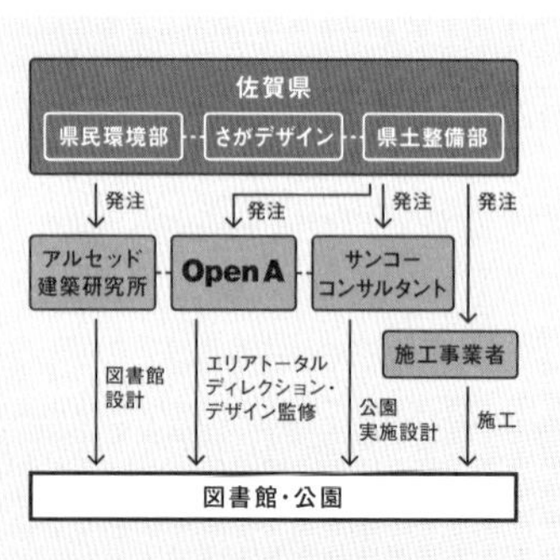

運営スキーム

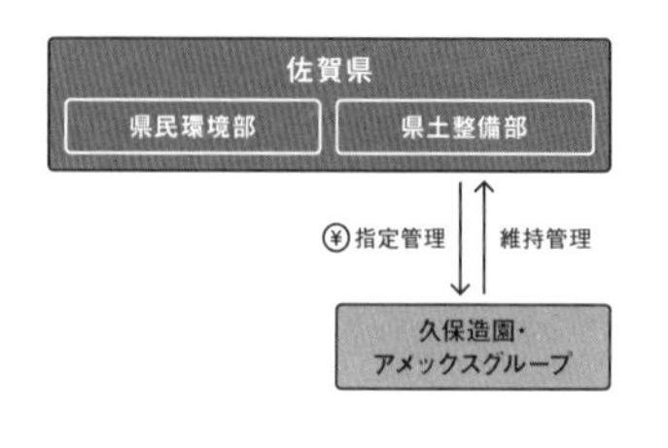

企画 スキーム検討 設計 運営 つなげる

公園×団地

高円寺 アパートメント

所在地	東京都杉並区
事業手法	民間事業
事業主	(株)ジェイアール東日本都市開発
運営者	(株)まめくらし
竣工年	2017年

整備スキーム

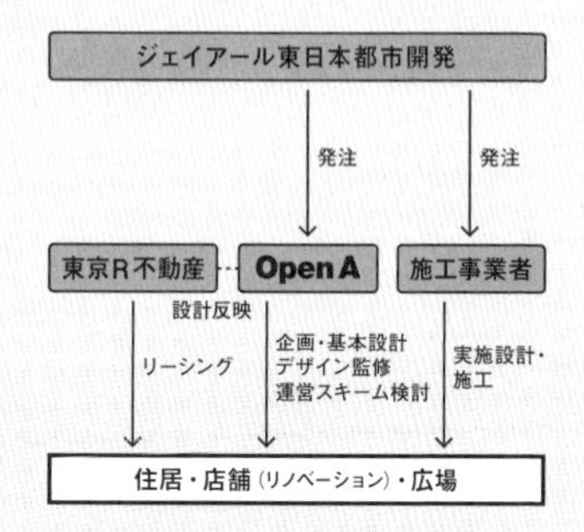

運営スキーム

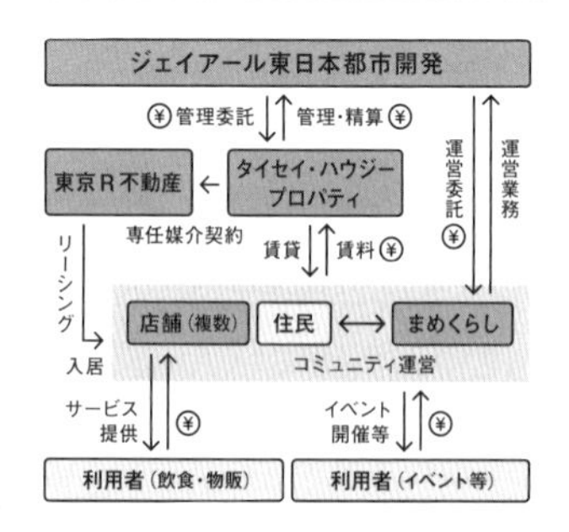

公園 × 商業施設

ちはや公園

福岡県福岡市東区

民間事業

高橋(株)

高橋(株)

2022年

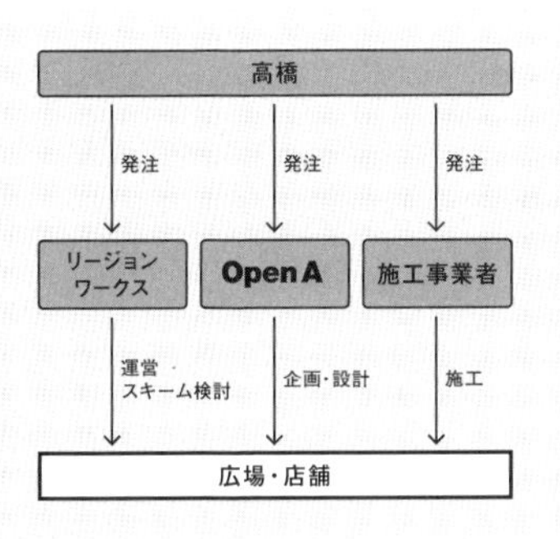

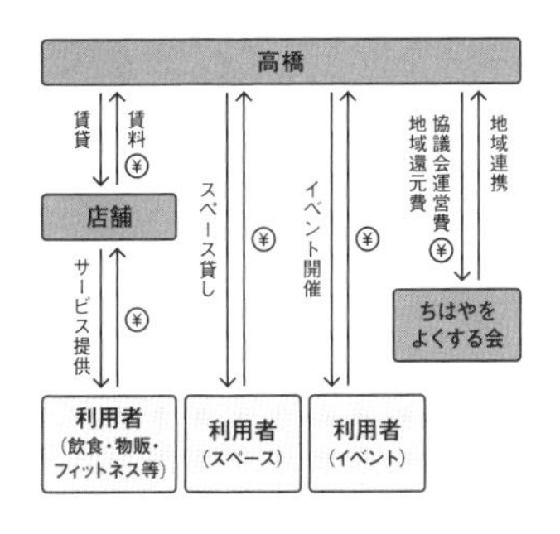

企画 スキーム検討 設計 運営

置く

公園 × 市役所

LIVE+RALLY PARK.

宮城県仙台市青葉区

設置管理許可

仙台市

Sendai Development Commission(株)、(株)GUILD

2018年3月〜2019年1月

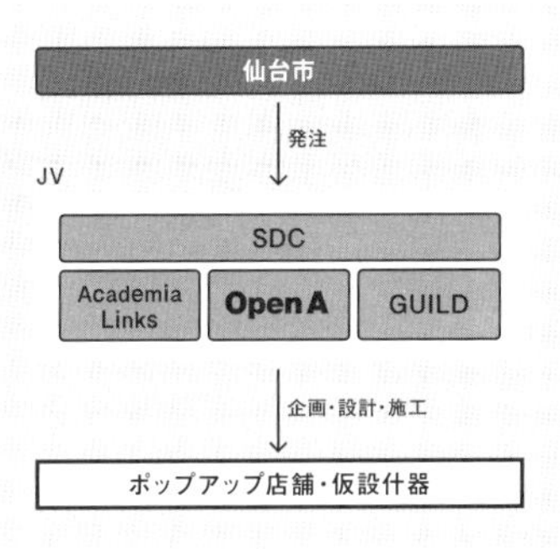

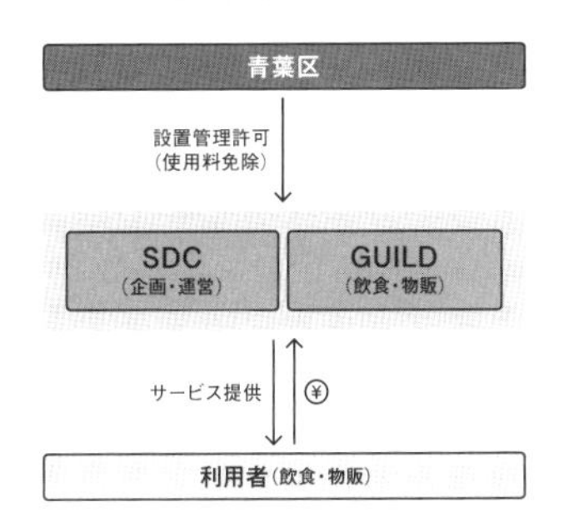

企画 スキーム検討 設計 運営　置く

公園×駅

こすぎ コアパーク

企画 スキーム検討 設計 運営　置く

公園×スタジオ

KURUMERU

	こすぎコアパーク	KURUMERU
所在地	神奈川県川崎市中原区	福岡県久留米市
事業手法	都市公園リノベーション協定	Park-PFI・設置管理許可
事業主	川崎市	久留米市
運営者	東急(株)	高橋(株)
竣工年	2021年	2022年

整備スキーム

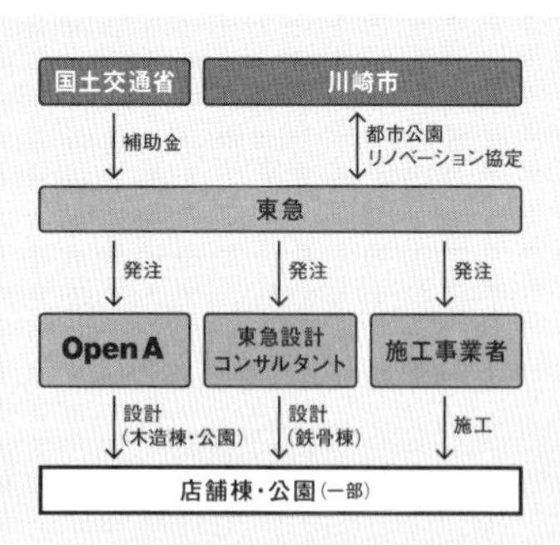

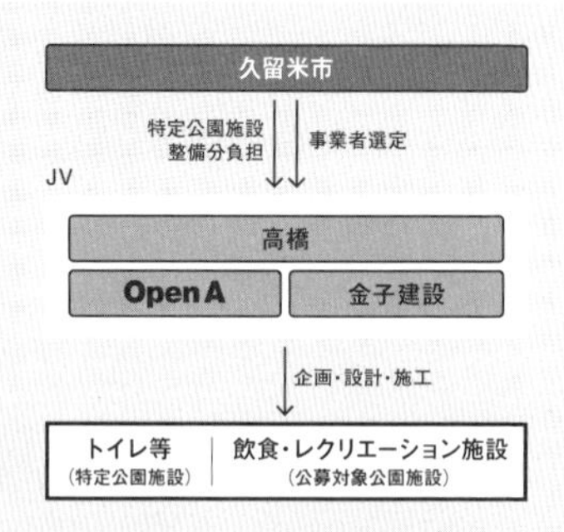

運営スキーム

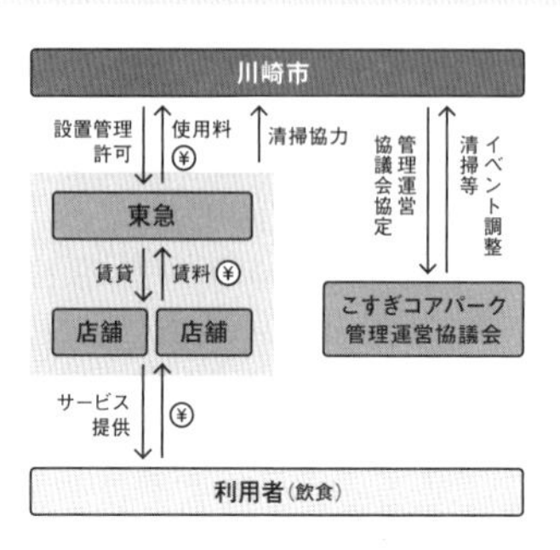

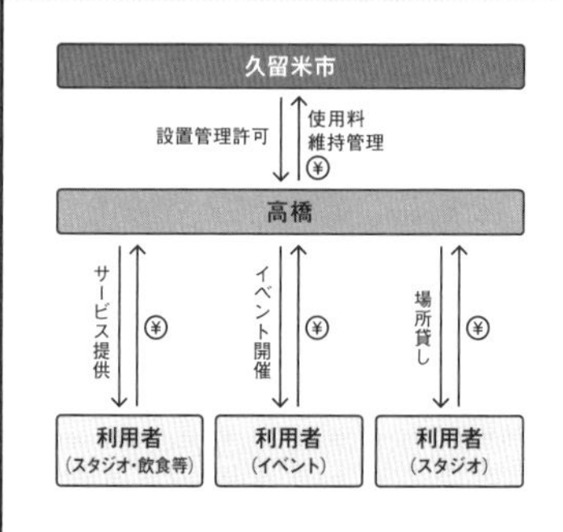

企画 スキーム検討 設計 運営 重ねる

公園 × 道の駅

トライアルパーク蒲原

静岡県静岡市清水区

道路占用許可・業務委託

静岡市

(株)スルガスマイル

2022年

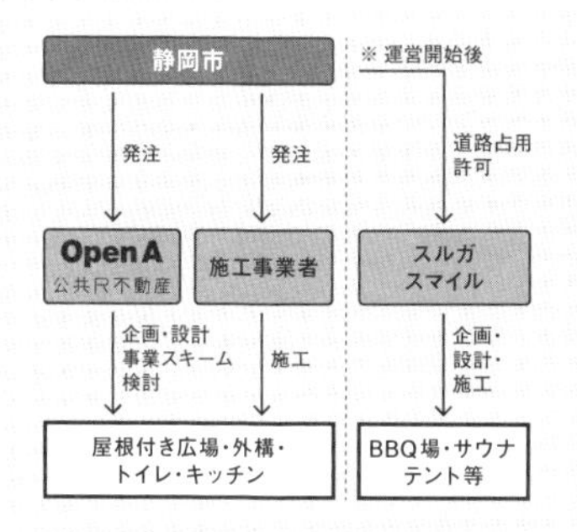

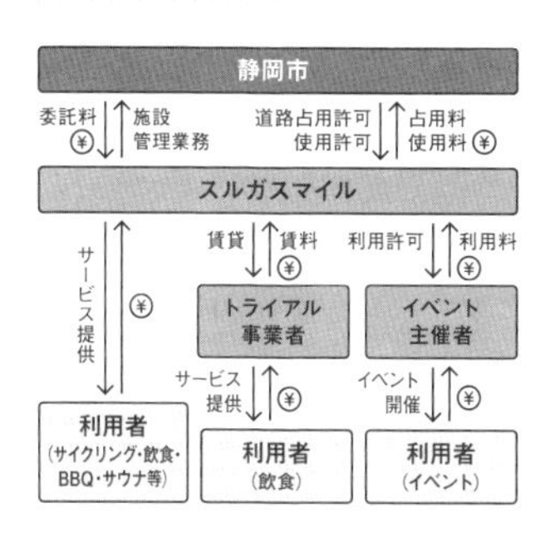

企画 スキーム検討 設計 運営 重ねる

公園 × 橋

桜城橋橋上広場

愛知県岡崎市

Park-PFI・指定管理者制度 ※

岡崎市

三菱地所(株)、(株)三河家守舎、サンモク工業(株) ※

2022年

※

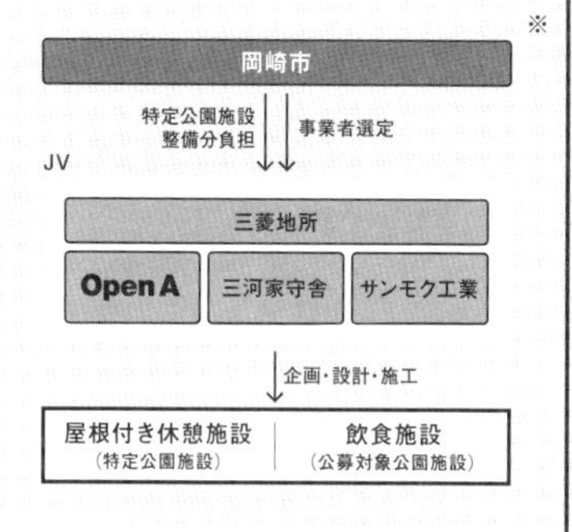

※

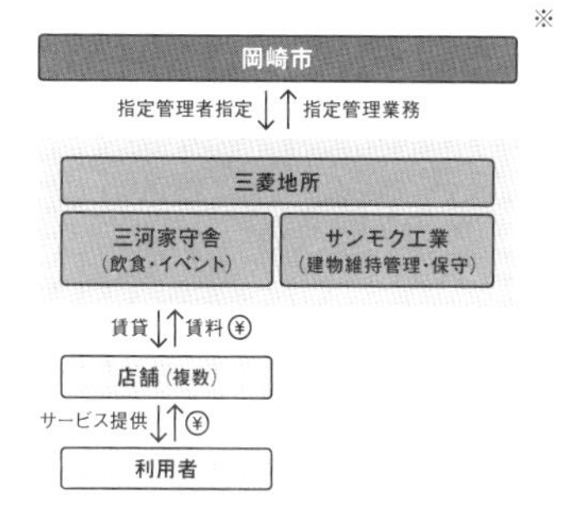

※ 2020年プロポーザル提案時の想定

企画 スキーム検討 設計 運営　見立てる

公園×コミュニティセンター

みんなの公園

企画 スキーム検討 設計 運営　見立てる

公園×路地

Slit Park YURAKUCHO

	みんなの公園	Slit Park YURAKUCHO
所在地	佐賀県江北町	東京都千代田区
事業手法	指定管理者制度	民間事業
事業主	江北町	三菱地所(株)
運営者	(有)日生開発	東邦レオ(株)
竣工年	2019年	2022年

整備スキーム

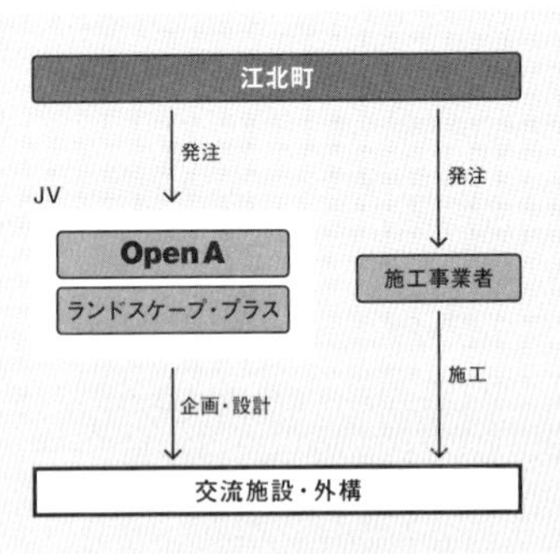

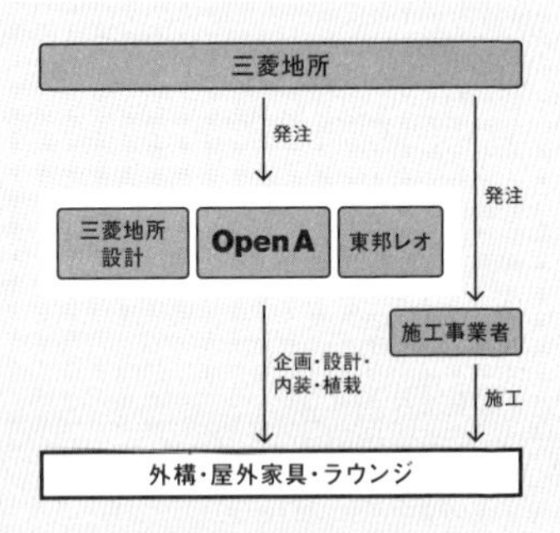

運営スキーム

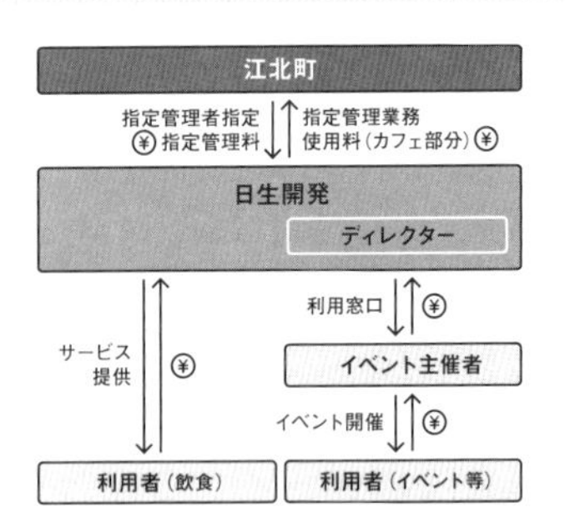

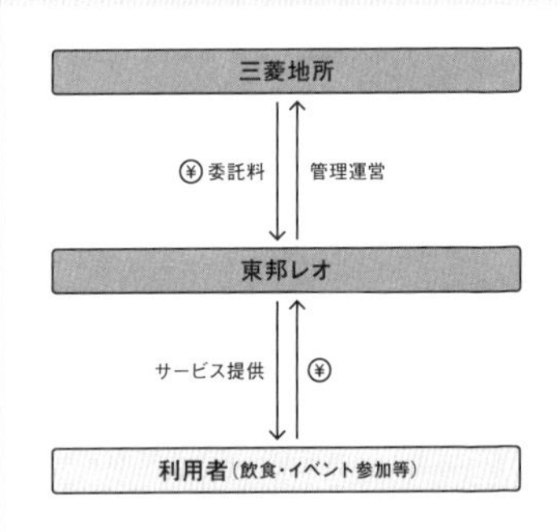

企画 スキーム検討 設計 運営

見立てる

公園×道路

守口さんぽ

大阪府守口市

道路占用許可 等

守口市

守口市駅北口エリアリノベーション
社会実験実行委員会

2021年〜毎年（2024年現在・実施年）

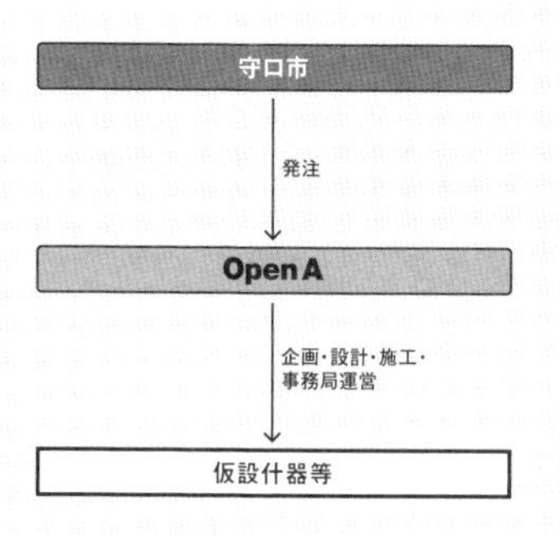

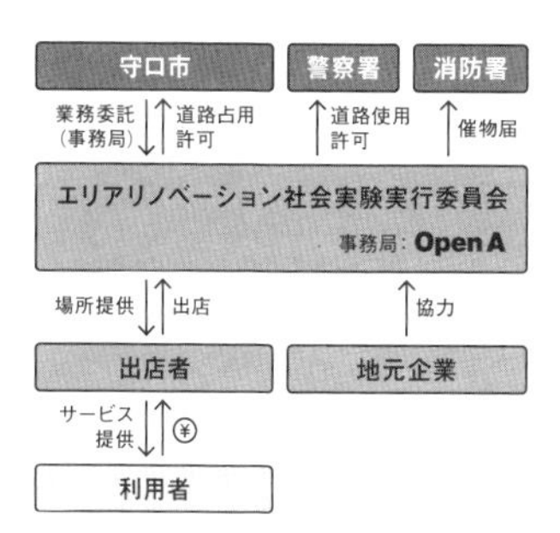

公園×デパート

iti SETOUCHI

広島県福山市

賃貸借契約

福山市

福山電業（株）

2022年

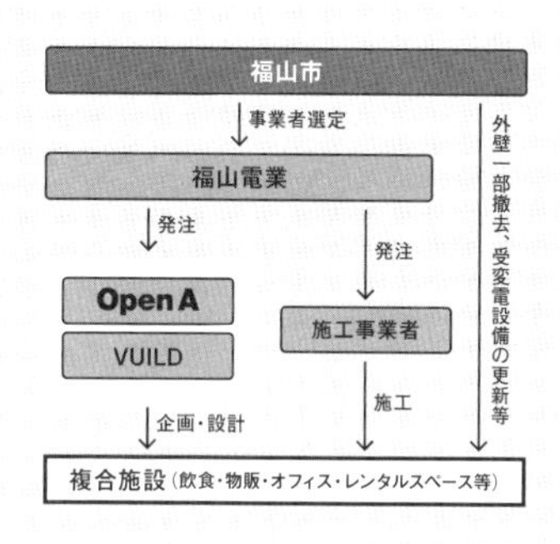

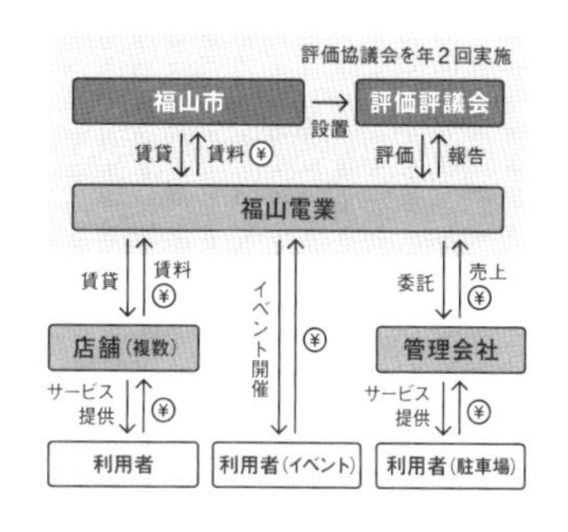

01

つなげる

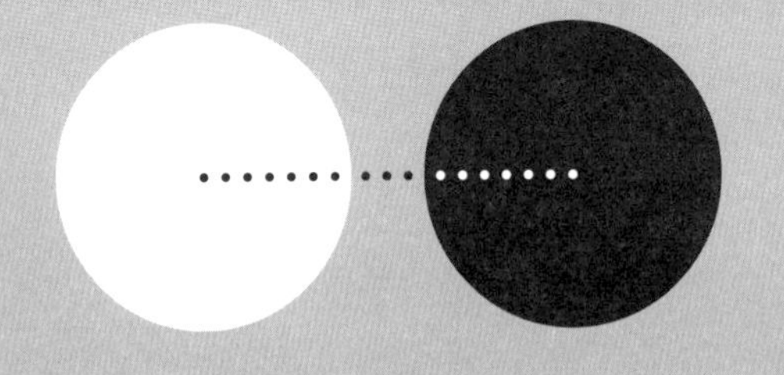

図書館や学校のような公共施設が公園に隣接していたり、公園の中に建っていることはしばしばある。両者は異なる時期に、異なる目的で整備されているから、隣合ってはいるものの、関係性はなく存在している場合が多い。それらを空間的にも意味的にもつなげることにより、お互いの魅力が一気に引き立つことがある。まさに相乗効果。公園は、つながることにより、隣に建つ建築の可能性を拡張する。

01 PARK and Library

公園×図書館

佐賀城公園 こころざしのもり

図書館と公園の境界を溶かす

所在地 佐賀県佐賀市	**竣工年** 2018年

デザイン監修 全体：株式会社オープン・エー（担当／馬場正尊・加藤優一・清水襟子）
図書館デッキ部：アルセッド建築研究所

実施設計 株式会社アルセッド建築研究所（図書館フリースペース）
サンコーコンサルタント株式会社（広場）　株式会社協和コンサルタンツ（築山）

運営 佐賀県（指定管理者／久保造園・アメックスグループ）

きっかけ　クリエイターたちが勝手にアイデアをプレゼンするフェス

図書館に面した公園のリニューアルである「こころざしのもり」プロジェクトのきっかけは「勝手にプレゼンFES」だった。佐賀に縁のあるクリエイターたちが2016年から始めたイベントで、佐賀県政策部政策推進チーム内であらゆる政策にデザイン思考を取り入れる組織「さがデザイン」が企画や運営をサポートしている。イベントの内容は、県の政策や事業に関するアイデアを文字通り「勝手に」公開の場でプレゼンするというもの。あくまで非公式なイベントだが、県知事や県職員も参加することから、ユニークな提案が政策とフィットすれば事業化の検討に進むこともある。2016年に僕たちがプレゼンしたのが、佐賀城内地区にある佐賀県立図書館とその横の公園をつなぐことだった。

佐賀城内地区は、佐賀市中心部に位置する旧佐賀藩の城跡。濠に囲まれた約48haの城内エリアは佐賀城公園と呼ばれ、県庁、図書館、博物館などの公共施設のほか、学校や民家がモザイク状に散らばっている。

県立図書館は築50年以上が経過し、施設の補修や機能の再編が必要とされていた。図書館の裏にあたる南側には公園のような広場があるが、図書館との連続性はなく、図書館と公園がつながることで双方がダイナミックに使いやすくなるのではないかと考えた。

「勝手にプレゼンFES」(2018年)の様子。クリエイター視点による政策・事業の提案の場で、職員の創造力向上にもつながっているという

上 / 佐賀県立図書館の南側にある公園の改修前。1962年に県立図書館に隣接する公園として、建築と一体的に整備された
下 / 公園の改修後。図書館と公園の境界部分に階段状のデッキを設置した。可動式の家具も置き、人々の居場所を設けている

子どもたちが自由に走り回る光景。築山の上からは公園全体を見渡すことができる

(プロセス) 公園と図書館、他部署をまたぐ調整

2017年、前年の勝手にプレゼンFESで提案した「図書館と公園をつなげる」というアイデアは実現に向けて進むことになった。具体的には図書館の南側に階段デッキを新設して公園とつなげるというもの。図書館が公園よりも少し高い位置にあるので、保護者がデッキの上から公園を見晴らしながらコーヒーを飲んだり本を読んだりしつつ、走り回る子どもを見守る風景をイメージした。いわば図書館と公園の境界を溶かすプロジェクトともいえる。

右上 / 木の幹を囲うような円形ベンチや、木陰に設置されたロングベンチ
右下 / 公園と連続する図書館のデッキ。奥には市村記念体育館が見える

ところが、ここで「境界」の強さを痛感することになる。そもそも公園は県土整備部、図書館は県民環境部と、背景がまったく異なる部署が管轄しており、今回のプロジェクトでも発注自体が分かれている。そのため、境界部分ではどちらが工事を主導するのか、デザインはどのように決めるのかなど、複雑で難儀な調整が発生するのだ。結論としては、デッキは公園の予算でつくり、図書館に接続しているという立て付けになっている。

こうした課題のもと、さがデザインが部署間をつなぎ、県土整備部にいた職員、天本貴子さん（当時）らが調整に尽力していくことで行政

平面図　縮尺1/600

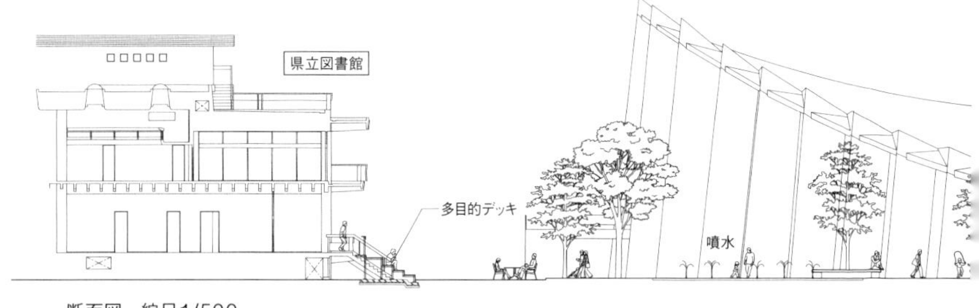

断面図　縮尺1/500

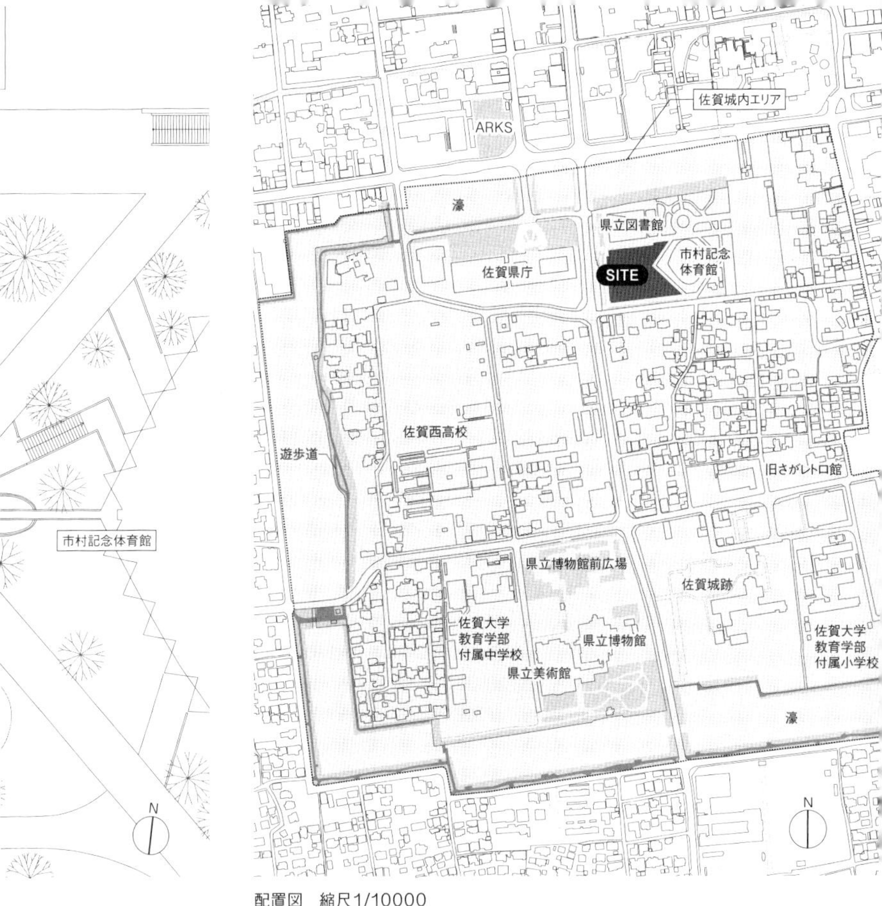

配置図　縮尺1/10000
佐賀城内エリアでは小さな改修プロジェクトが集積している

の縦割りを乗り越えていった。部署横断という大きなプレッシャーのもと現場の担当者たちとコミュニケーションをとり、通常は協働しない公園と図書館の中間領域をウッドデッキでつなぐことができたのだ。佐賀県庁の現場の一体感と調整力が成しえた空間だ。

(デザイン) 時代とともに移り変わる「公共性」のあり方

デザインの過程で頭を悩ませたのが、図書館の既存建築に変更を加えることだった。元の設計者である内田祥哉さんの弟子であり、アルセッド建築研究所の三井所清典さんに相談に行き、図書館と公園との境界面のあり方を試行錯誤した。元の建築のプロポーションを崩すことになるので、三井所さんは相当に複雑な思いをされていたと思う。ただ最後には時代の流れとともに変化する人々の行動に合わせ、名建築の一部に手を入れることを許してくださった。その英断なくしてこの空間はなかった。

実はデッキを新設するにあたり、図書館内の配置も入れ替えている。かつては北側にあった閲覧室と南側にあった事務室の位置を入れ替えることで、閲覧室とデッキをつなぎ、南側の公園に向かって開くことができたのだ。

当初僕は、南側の一番気持ちがいい空間が事務室に充てられていることに小さな違和感を持った。よく話を聞くと、図書館ができた1960年代は労働者の権利が見直された時代で、職員の職務環境を健やかにするための配置は画期的なものだったという。ところが、この30年で価値観の転換が起こり、公共空間はユーザーである市民のためにあるという考えが一般的になった。司書や職員のみなさんと話し合い、南側は市民のための閲覧室になった。図書館の主役は誰なのか。時代とともに移り変わる「公共性」のあり方について考えるきっ

北側にあった閲覧室は、デッキと公園につながる南側へと移された

かけとなった。

公園ではランドスケープのリノベーションを行った。以前は、木々の葉が鬱蒼（うっそう）と生い茂る春や夏は地面に影が落ちて暗くなり、ツツジに代表される低木が動線をコントロールして、植物と舗装面の境界が強く引かれていた。空間の真ん中には古い噴水があり、危険だからと水が抜かれていた。

そこでまず植物を心地よいバランスで間引き、植物と舗装面の境界をなくすように大きな芝生広場とした。図書館までの動線は枕木を敷いてごく自然につないだ。噴水もリノベーションし、水が出る機能を残しながら水盤は取り壊しフラットにすることで、夏には子どもたちに人気の水遊びスポットになった。

さらに木の幹を囲うような円形ベンチやロングベンチを設置して、木陰で本を読んだりリラックスできるようにささやかな工夫を重ねた。図書館の読書する空間機能が屋外の公園にも拡張していくイメージだ。こうして生まれ変わった公園は「こころざしのもり」と名づけられた。

（マネジメント）安定的な管理から生まれる新しい日常風景

新設された図書館のデッキはこころざしのもりの一部として、公園の所管部署である県土整備部のもと、指定管理者が管理している。図書館とデッキ部分で管理区分が異なるため、設計段階から運営担当部局を入れた会議体を設置し、運営を見据えた計画を進めていた。

リニューアル後は防災や防犯、清掃活動など、ボランティア団体との連携により地域コミュニティの活性化につながる細やかな運営が行われている。庁内でも「暗く立ち寄る人が少なかった広場が開放的で明るい雰囲気になった」という声があり、県職員が公園で花見や飲み会をしたり、ベンチに腰掛けて読書をする高齢者やピクニックを楽しむ家族など、今までになかった風景が日常的に生まれているようだ。

（その後の展開）佐賀城エリアのリノベーションへ

こころざしのもりが公共施設をつなぐハブのような空間になったことで、隣接する市村記念体育館を活用する動きが連鎖的に起こった。市村記念体育館は1963年に坂倉準三が設計した、昭和の名作建築の1つ。地元の実業家であり現リコーの創業者である市村清が寄贈した。佐賀県出身である僕自身も学生時代に使っていた思い出のある建物だ。プレキャストコンクリートの吊り構造というアクロバティックな構造が特徴だが、年々老朽化が進み、2018年には体育館としての用途が廃止され、壊すか活用するかの岐路に立っていた。そんなときにこころざしのもりができたことで、体育館も文化、教育の施設として再生する可能性があるのではないか、と検討が始まったのだ。

現在、「Future・Design・Lab・SAGA」という仮称のもと、Open Aが中心となって改修プロジェクトが進行している。屋根を軽量化することで構造の合理性を担保するのと同時に、デザインラボとしての運営手法を計画している段階だ。こころざしのもりや県立図書館と連動しながら、佐賀の芸術や文化、産業を生み出す拠点として活用されようとしている。

さらに、県庁北の広場がまちなか周遊の拠点「ARKS」としてリニューアルされたり、新しい遊歩道やベンチが設えられるなど、城内外に点在するパブリックスペースの活用が連鎖的に起こり、このエリアを大きな1つの公園と認識するようなエリアリノベーションの計画が進んでいる。僕たちも小さくても継続的にこのエリアで仕事をし続けることにより、全体性へ関与することができている。この仕事を何と呼ぶべきかまだ分からないけれど、状況が揺れ動く時代において、総合的・客観的なパートナーとして地域をデザインしていく手法を模索している。（馬場）

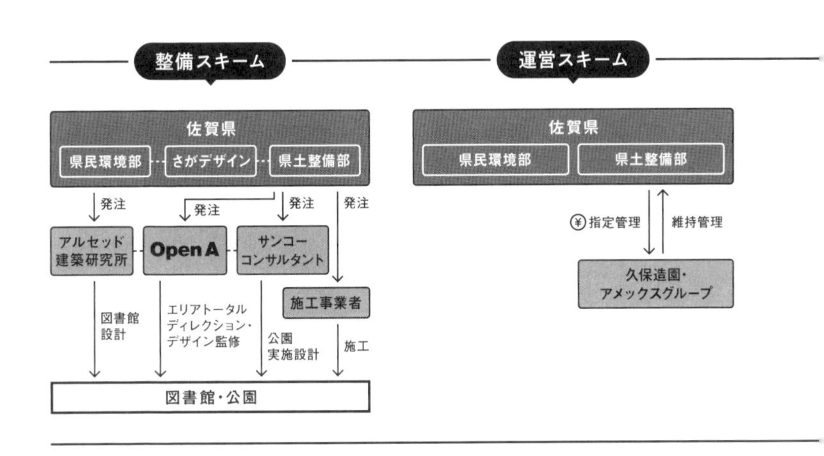

02 PARK and Apartment

公園×団地

高円寺アパートメント

団地のグラウンドレベルを街にひらく

所在地　東京都杉並区	**竣工年**　2017年
基本設計・デザイン監修　株式会社オープン・エー（担当／馬場正尊・大我さやか・石母田諭）	
実施設計　第一建設工業株式会社	**運営**　株式会社まめくらし

(きっかけ) 沿線価値を高める団地のリノベーション

ジェイアール東日本都市開発が運用する、中央線の線路沿いにある社宅の団地。高円寺と阿佐ヶ谷の中間という好立地だが、2016年、閉鎖されたこの団地をリノベーションして一般に貸し出したいという相談を受けた。

建物の裏には駐車場があり、道を挟んですぐ目の前には線路が走る。敷地が塀に囲まれて、周辺から遮断された典型的な団地の配置だったが、この立地を生かして沿線価値を高められるようなリノベーションを提案した。

(プロセス) 設計完了前にリーシング、共感する入居者を集める

ちょうどこの頃、居住と商業が混在したミクストユースの住環境の方が暮らしがより豊かになるのではないかと考えていた。そこで、居住区画はもちろんのこと、1階を商業区画とし、この場所のコンセプトに共感するテナントを集めてはどうかと考えた。

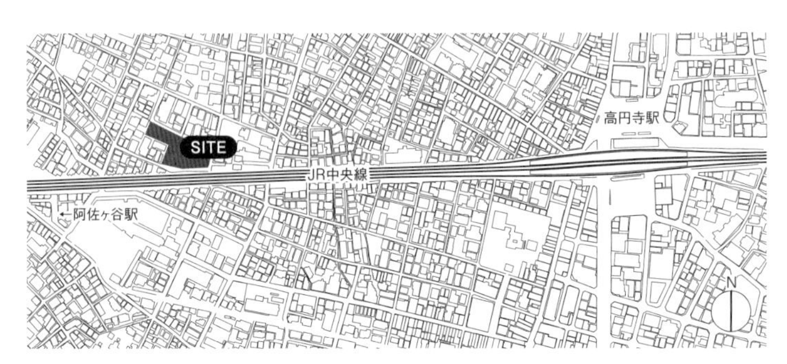

配置図　縮尺1/10000

上 / 団地の改修前。手前が線路側。道路と敷地が塀によって断絶された典型的な団地の風景
下 / 団地の改修後。駐車場を芝生広場にして塀を取り除いて街へと開く。1階は飲食店や雑貨屋などが入り、居住と商業が混在する空間に

この企画は、不動産のセレクトサイト「東京R不動産」をなくしては語れない。エリアの価値を上げるような店、なおかつ公園という機能や雰囲気との相性がいいテナントを集めてくることがプロジェクトの肝となっていたが、東京R不動産というメディアのカラーや訴求力によって狙い通りのテナントが集まってきてくれた。結果、新規出店のブルワリーやコーヒーショップ、雑貨屋などが軒を連ねることになる。

設計を終える前に一部のリーシングを始めたこともポイントだろう。竣工時の空室リスクを減らしつつ、テナントの要望を取り入れた空間に仕上げることができるので、テナントと事業者の双方にとって都合がいい。居住フロアについても、この賑やかな環境を求めた居住者が集まってきてくれた。

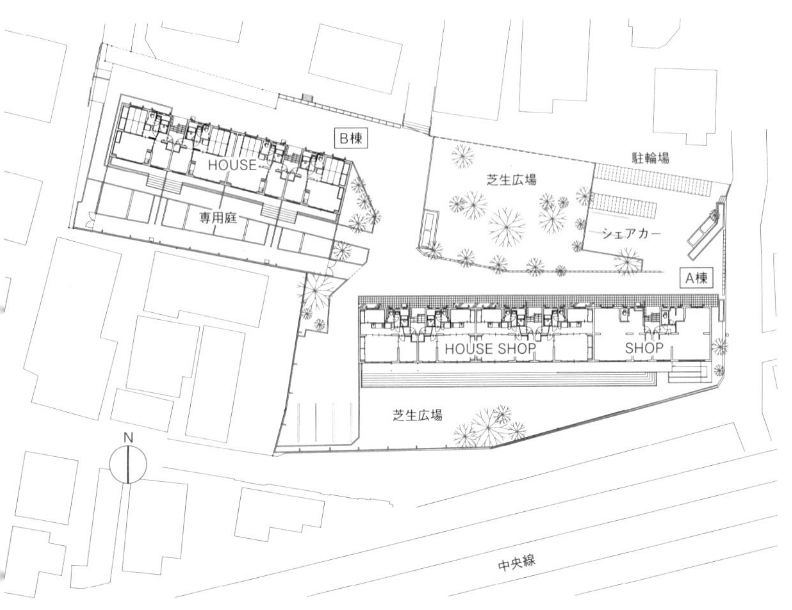

全体平面図　縮尺1/1000

改修後の住戸内部
左 / A棟3階のATELIER HOUSE
右 / A棟1階のHOUSE SHOP

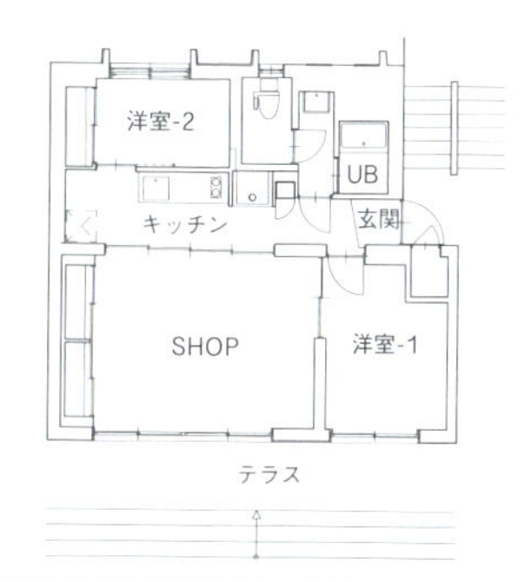

HOUSE SHOP平面図　縮尺1/250

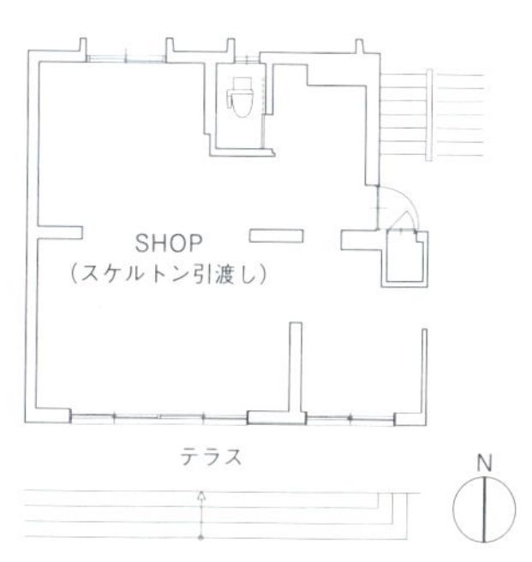

SHOP平面図　縮尺1/250

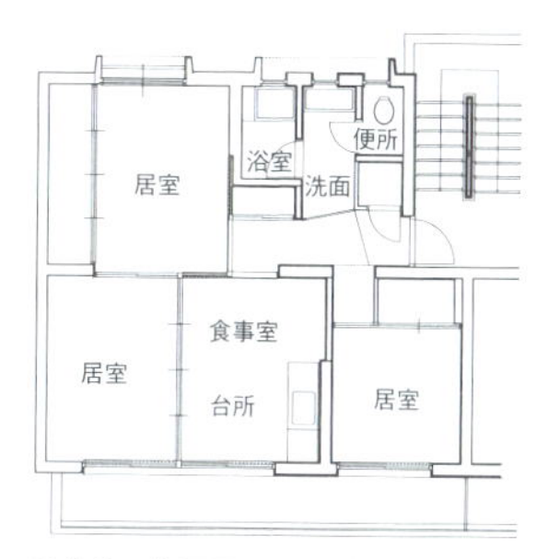

改修前の住戸平面図　縮尺1/250

改修前の住戸

(デザイン) 団地のグラウンドレベルを街にひらく

イメージしたのは、公園の中に建つ団地。まずは塀を取り払い、駐車場だったスペースに芝生を敷き公園化する。1階部分の玄関面とテラス面をひっくり返すという考え方で、1階テラスの手すりを取り除いて大きな階段デッキを設置し、前の芝生広場に直接つなげるというプラン。閉じた団地からひらいた公園へのリプログラムというわけだ。思えば、これがパークナイズの原点だったのかもしれない。

1階の小さな店舗スペースをもつ「SHOP」と「HOUSE SHOP」は、デッキ側をパブリックにひらき、高円寺アパートメントの顔となる。住まいの空間はミニマムに、テナントが世界観を出しやすいようにプ

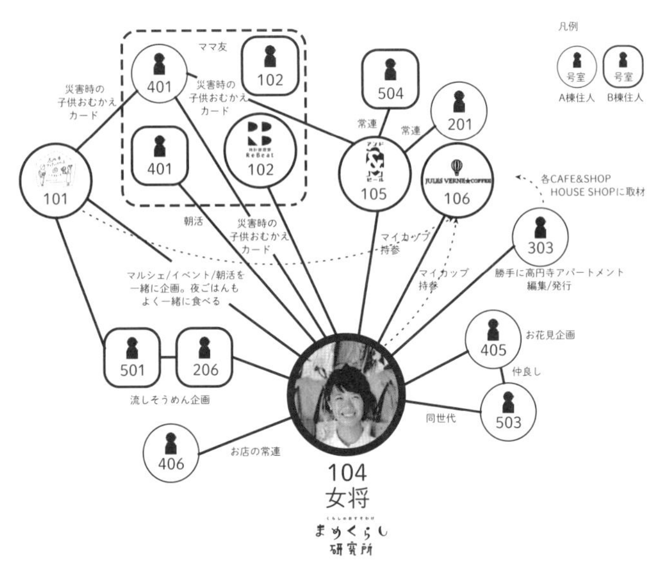

女将の宮田サラさんを中心とした人間関係図（2018年当時）。住人たちと会議のような寄り合いを開き、マルシェなどの企画を実現している

レーンなデザインとし、団地の面影を残したラフな塗装を施している。3階に設けた「ATELIER HOUSE」は中央線の高架とちょうど同じ高さであることを逆手に取り、プライベートは北側にまとめてクローズに、南の線路側には敢えてオープンなアトリエスペースを設けている。

マネジメント　小さいけれど当事者性を持ったマネジメント

高円寺アパートメントには、職住一体のライフスタイルから生まれる風景がある。HOUSE SHOPの住人は奥の空間に住みながら、手前の空間で店を営む。住宅の前に広がる芝生広場では定期的にマルシェなどのイベントが開催される。住人たち自らイベントを企画することもあれば、団地の外から出店者を募ることもあり、団地のコンテンツが街に滲み出るような現象が起こっている。

こうした場所で重要になるのが、マネジメントを担う存在だ。キーパーソンは、株式会社まめくらしの宮田サラさん。まめくらしは「くらし育むカンパニー」として場づくりやマネジメントにまつわる事業を行っており、宮田さんはここの1階に住み込みながら、住民の人たちをやわらかくつなぐ若き「女将」の役割を担っている。女将の構想はプロジェクトの企画段階からあり、この団地におけるマネジメントの重要性と、そこに対価を発生させる必要性を事業主にも説き続けていた。

管理から運営へ。これまでの団地や集合住宅では「管理」が行われ、多様な住人の暮らしを守るために行動を制限するような側面も強かった。ところが、ここには住まいだけでなく、店舗や広場があり、住人や訪れる人たちが快適で楽しい場を育めるような「運営」が必要になる。そんな高度な業務に対しては報酬を支払わなければならない。すでに計画していた管理費を「管理運営費」として少し上乗せして運営費を確保し、この場所に住むことの価値を上げた運営者に対して対価

芝生広場で起こる多様な活動によって住人が住まいに愛着を持ち、暮らしがより楽しく豊かになっていく。住人が企画し街に開くマルシェ（上）や蚤の市（下）などで地域との交流の場に

を支払う。結果的に、良質な住環境が実現できれば、物件として家賃収入も上がり、集合住宅全体の価値が上がるというロジックだ。

宮田さんに話を聞くと、一緒に住みながら運営することが大切なのだという。住人と同じ目線で物事を見て、関係を育み、それぞれの人を把握しながら適材適所で企画を仕掛けることができる。住人たちが団地にまつわる新聞をつくったり、イベントをしたり、いろいろな出来事を通じて仲のいいコミュニティが構築されている。まったく参加しない住人もいるし、関与の度合いにはグラデーションがある。多様な人が関われる余地を残しながら、やわらかく取りまとめて、やわらかくつなげる。そんな役割を宮田さんは意識的に、ごく自然に行っている。

宮田さんが住人同士のソフトのマネジメントを行う一方で、建物のハードのマネジメントはジェイアール東日本都市開発と資本提携した大手の管理会社が担っている。修繕や設備の変更など管理上の複雑なやりとりが、宮田さんの運営によってスムーズに進んでいるようだ。大きなマネジメント（管理）と小さなマネジメント（運営）がうまく役割分担して協働していることもポイントだ。

住人たちの手でマップやインタビュー、新聞などのコンテンツがつくられている

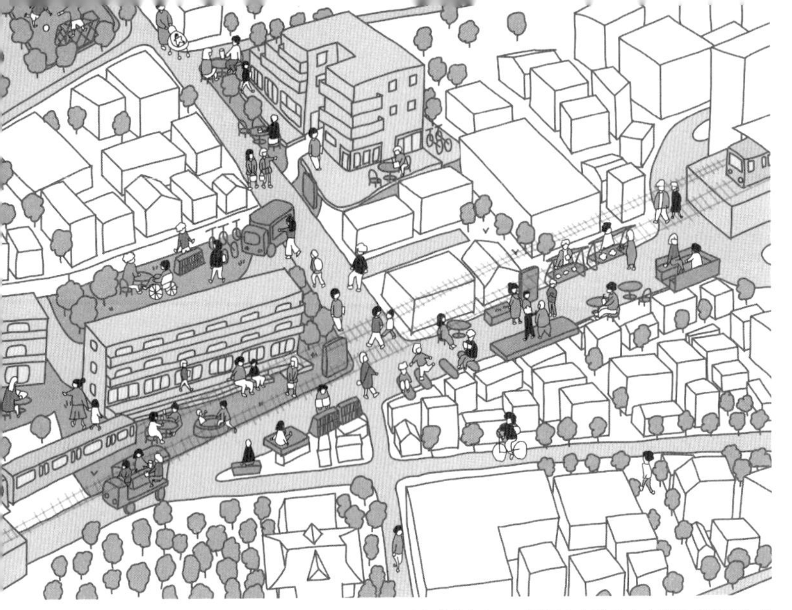

高円寺アパートメントと高円寺アパートメント2を基点として、周辺の空地や中央線の高架下などにも人々の活動が展開していく構想スケッチ

その後の展開 シンプルな建築の操作と小さなマネジメントのインパクト

塀をなくしてひらいた芝生広場へ。シンプルな操作だが視覚的なインパクトは大きかった。団地の周りに公園があるのではなく「公園の中に団地がある」と考えると見え方は大きく変わる。

事業主であるジェイアール東日本都市開発の社長やスタッフのみなさんもマルシェを訪れ、新しい地域貢献のあり方を感じとってくれたようだ。焙煎コーヒーショップやブルワリーなど1階のテナントに入った店舗は人気店に成長し、ブルワリーは高架下の倉庫を借り、規模を拡大している。

このプロジェクトを通じて浮かび上がってきたのが、「小さなマネジメント」という概念だった。組織がシステマチックに行うのではなく、個人や小さな組織による属人的なマネジメントでもよいのだ。適切な人材を見つけ、責任と役割をしっかりと手渡していくことでその場所に適したマネジメントが宿っていく。このプロジェクトでうっすら意識化された新しいマネジメントの可能性が、佐賀県江北町の「みんなの公園」(p.134) など、後に展開していくプロジェクトの布石となっていった。

その後、ジェイアール東日本都市開発はこの場所を沿線の世界観を語る場所として位置づけ、隣の土地に「高円寺アパートメント2」を新築するプロジェクトが立ち上がった。既存のコンセプトはそのままに、単身者やDINKS向けの住宅になる予定だ。1階が店舗、2階が住居のメゾネット形式や余剰敷地に店舗がはみ出す縁側のような空間、住人向けのシェアキッチンなど、この場所ならではの工夫を組み込んでいる。この新築のアパートも、まめくらしが一体的にマネジメントしていく。

高円寺アパートメント2は2025年にオープン予定。中央線高架下も活用しながら、周辺の土地とつながっていくというマクロ的な展開もありえるだろう。高円寺アパートメントは進化し続けていく。(馬場)

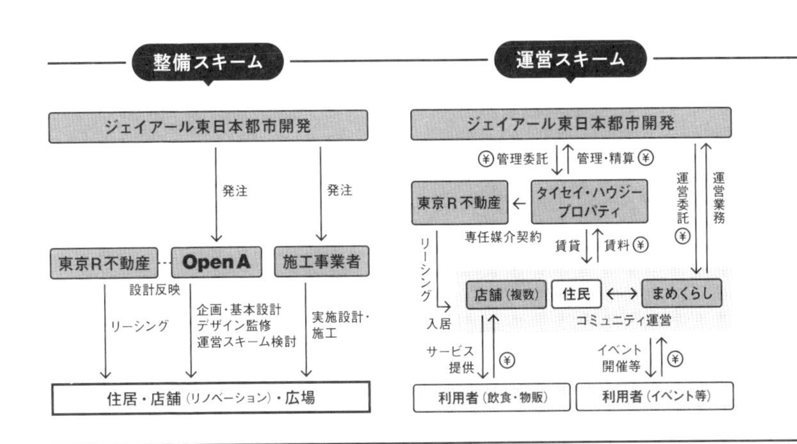

03 PARK and Shopping Center
公園×商業施設

ちはや公園

公園のような商業空間は地域に愛される

所在地	福岡県福岡市東区	**竣工年**	2022年
基本設計	株式会社オープン・エー（担当／馬場正尊・市江龍之介・澤伸彦・及川潤）		
実施設計	株式会社イチケン	**運営**	高橋株式会社

きっかけ 地元企業が施設の建て替えに伴い民間の公園設置を発案

ちはや公園は、博多駅から電車で10分ほどの千早駅にほど近い場所にある。近年、駅周辺の開発が進み、ベッドタウンとして発展を遂げている子育て層に人気のエリアだ。ここには、もとは総合レジャー施設「スポーツガーデン香椎」があり、ゴルフセンターに始まり、プールやボウリング場、スケートリンク、フィットネスなどを次々と開業し、地域住民に親しまれていた。その運営事業者が、高橋株式会社（以下、高橋社）。繊維業を主軸とした1937年創業の老舗企業で、1965年頃からスポーツ・レジャー事業に軸足を移し成功していた。この建物が老朽化を機に2020年に解体が決定。その跡地の活用計画として立ち上がったのが、複合商業施設「GARDENS CHIHAYA（ガーデンズ千早）」だ。

上 / 配置図　縮尺1/20000
下 / レジャー施設「スポーツガーデン香椎」

そこで高橋社がユニークだったのは、商業施設の前面スペースを使い、日常的に市民が訪れられる「公園のようなもの」をつくり、運営してみようと発想したこと。これは長年、地域に根ざしたスポーツやレジャー施設を運営していた企業ならではの発想かもしれない。地域に開き、貢献しようという姿勢が企業のDNAに刻まれているのだ。

プロセス 「公園のようなもの」が「公園」になるまで

商業施設「ガーデンズ千早」の設計が進行中の2020年に、僕たちは高橋社から相談を受け、施設の東側、敷地面積4145㎡のオープンスペースの設計に取り組み始めた。一方、公園のようなものをつくるためには、地域と人とをつなぐための仕組みづくりが欠かせない。福岡が拠点で、エリアマネジメントや地域経営を得意とするコンサルティング会社、リージョンワークスが参画し、広場のあり方、コンセプトメイク、運営スキームの検討などを共に進めていった。

まず迷ったのがネーミングだ。シンプルで呼びやすい名前にしたいが、「◯◯広場」では普通すぎる。いっそストレートに「ちはや公園」と名乗るのがいいんじゃないかと盛り上がったが、はたして民間のつくる公園でも「公園」と名乗ってよいのだろうか。計画当初からプロジェクトに携わり、事務局長を務めていた高橋社の社員は、律儀にも役所に可否を聞きに行ったという。結果、特に公園と名乗ることに明確な条件はなく(もちろん都市公園法上の公園として認められるわけではない)、堂々と「ちはや公園」と名乗ることとなった。

どんな公園を目指すかで園内の看板やサインのあり方も決まる。ちはや公園がどんな場所でありたいか、公園にどんなメッセージがあったらよいかについて、関連部署の社員も検討に加わり議論した。そこで出たのが、「街の人の居場所になり、新しいチャレンジを応援する場所でありたい」という想い。であれば看板も、禁止事項を示すのではなく、楽しい利用を促すメッセージにしようということで、グラフィックデザイナーの先崎哲進さんがデザインに具現化してくれた。

2021年4月にガーデンズ千早が一足先に開業、1年後の2022年4月にちはや公園がオープン。「公園」と名づけた瞬間、そこを運営するのが民であろうと、図らずも公共性を帯びていく。

デザイン　小さな居場所を折り重ねる

公園は、「ガーデン」「シェード」「ルート」の3つの要素を設計の軸とし、その組み合わせによって多様な屋外空間をつくりだした。

中央の人工芝のガーデンを囲むように、6棟の小さな建物と3つの小さなガーデンが組み合わさる。小さくても多様な居場所が折り重なるように、建物から大きく庇(ひさし)を張り出し、シェードと名づけた。シェードは、高さや勾配、素材を変えることで、各場所の個性が滲み出す場所となる。入居するテナントにも積極的に使ってもらえるよう、具体的な使い方や風景を思い描きながら設計した。たとえば公園に入ってすぐの建物には植物が溢れる風景をイメージしてポリカーボネートの明るいシェードにしたら、花屋が入ってくれた。ルートは、小さなガーデン沿いに回り込んだりしながら、シェードとつながり公園全体に回遊性を持たせている。ガーデンズ千早は別チームで先行して設計が進ん

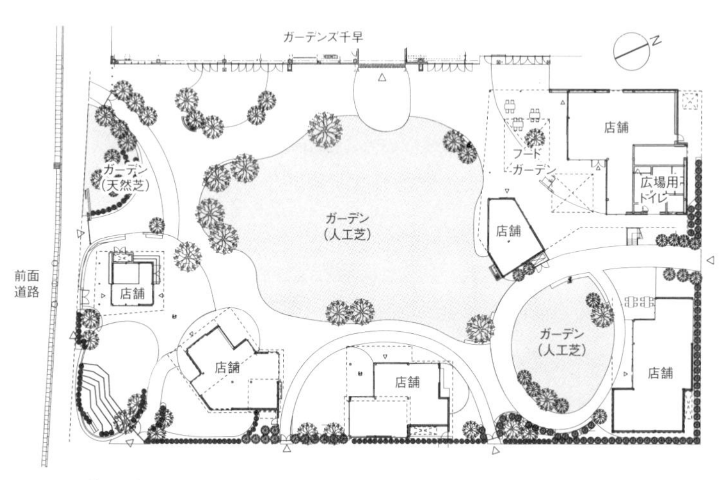

平面図　縮尺1/1000

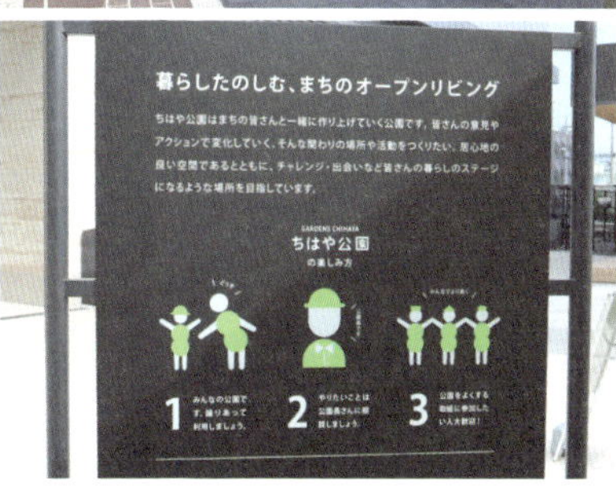

上左 / ポリカーボネートのシェード下はぼんやりと明るい
上右 / シェード下には、家具が配置され公園を見守りながら休憩できる
下左 / 公園を楽しく使ってもらうためのメッセージが記載された看板
下右 / 放課後に公園に集う子どもたち

でいたが、外壁のトーンを合わせたり、公園側にシェアキッチンを配置し、屋外とつながるようにするといった調整はギリギリ間に合った。

マネジメント　実行チームとアドバイザーが協議会を構成

「街の人を応援する場所」であるちはや公園の運営について語る上で欠かせないのが、「公園長」の存在だ。公園に常駐し、地域住民とコミュニケーションをとりながら、ニーズを汲み上げる。これまで運営してきた施設に「施設長」がいたように、公園には当然、「公園長」が必要だろうと、自然と発想するのが高橋社ならでは。もともとイベントの企画運営にも慣れているから、運営の解像度も高い。この公園では、イベントを「提供する」スタイルから「地域と一緒につくっていく」スタ

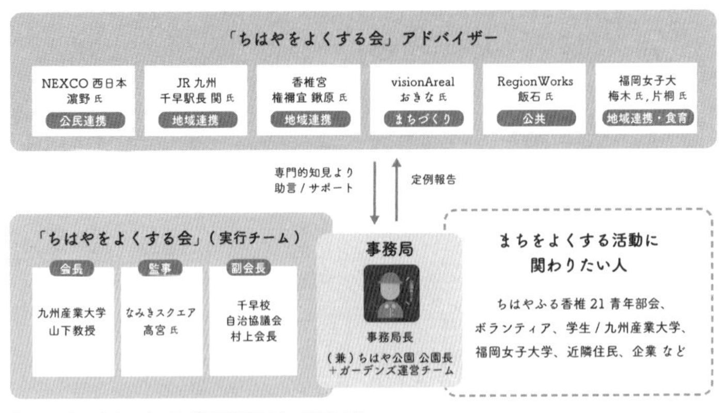

「ちはやをよくする会」構成図(2024年4月時点)

イルへの移行がさらなる挑戦だ。

そこで、運営事業者である高橋社だけでなく、地域の人々と共に運営する仕組みがつくられた。地域連携の視点で関わる協議会「ちはやをよくする会」は大学教授、自治会会長、地域の文化施設プロデューサーが実行チームとして構成され、運営の方針を議論・確認したり、地域連携に関する新たな企画について議論する定例会議が月に一度開催される。さらには、公民連携や地域創生、まちづくりなどさまざまな分野の専門家からなるアドバイザーとの定例会議が3カ月に一度設定され、彼らのフィードバックや提案を受けながら運営がなされている。公園の運営については、公園での収入の20%が「地域還元費」として計上され、よくする会の活動費や街の価値を高める活動に充てられている。

その後の展開　周辺のオープンスペースをつなぐ起点に

開業から約2年が経ち、ちはや公園はすっかり地域の人の憩いの場所となっている。放課後、子どもたちが芝生で遊ぶ風景は、まるで家のリビングの延長のようだ。ちはや公園ができたことで、ガーデンズ千早の来館者数も増え、商業的にもよい影響があるのは確からしい。

また、地元の団体と一緒にイベントを企画したり、近隣の公共施設で企画された子ども向けのプログラムの第二会場としてちはや公園が使われたりと、地域内連携も進んでいる。最近では、ちはやエリアに暮らす人たち同士のゆるやかなつながりをつくるきっかけとして、ゴミ拾いとコーヒータイムを設けたイベントも定期的に開催されて、近隣の家族連れや学生、高齢者など、多様な顔ぶれが関わり、回を重ねるごとに参加者が増加している。ちはや公園が街の人にとっての居場所となりつつあるようだ。公園そのものがエリアの日常の魅力をつくりだし、さらに発信するメディアとなって、地域の価値を上げている。(馬場)

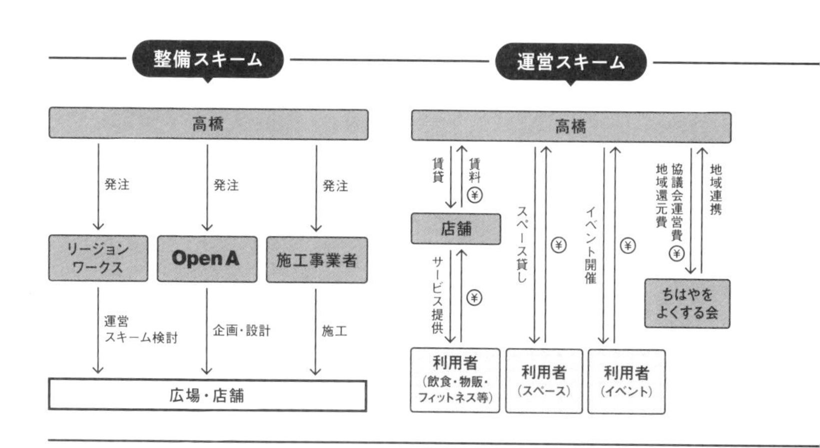

COLUMN 1

場と人をやわらかくつなげる、新しい公園のマネジメント

「管理」から「マネジメント」へ

「良い公園の条件はなんだろう」と考えることがある。公園の安定性を保とうとするあまり維持管理の視点を強く持ちすぎてしまうと、利用者はルールや禁止事項に縛られ、開放的な空気が薄れていく。禁止事項に溢れる日本の公園は、まさに管理者側の論理中心に管理されている象徴のように思える。

そんな堅苦しい「管理」ではなく、緩やかなルールによって場を積極的に開いていくような新しい「マネジメント」のあり方がないか、いつも模索している。実際に、私たちが企画や設計に関わるプロジェクトでは、運営者が誰か／どんな運営をするか、がとても重要な要素だ。たとえば高円寺アパートメント(p.46)では、当事者性を持ったマネジメントにより、住民にも地域にも幸せな風景が広がった。

場の特徴に応じてマネジメントのあり方は多様であっていいと思うが、いくつかの公園において共通する要素を考えてみたい。

Open Aが運営を手がける「泊まれる公園　INN THE PARK沼津」では、ホテルの運営会社であるインザパーク社が、行政と企業・市民の間に立ち、さまざまな活動を誘発する橋渡し役となっている。宿泊棟の目の前に広がる、行政管理による芝生広場

の利用について、沼津市とインザパーク社が「基本協定」を結んでいる。草刈りなど基本的な維持管理は市で行うが、インザパーク社が優先的に広場を使用できるという取り決めを交わしているのが特徴的だ。民間企業や市民にとって、公園でイベントを実施するには利用許可手続きが発生しハードルが高いが、ここではインザパーク社がこの広場を使いたいという問い合わせの窓口となって手続きを支援していることも多く、行政側の安心感にもつながっている。

西東京エリアを中心に多数の公園の指定管理を担っているNPO birthは、市民や利用者の主体的な関わりを促すエンパワー型のマネジメントが特徴的だ。「パークコーディネーター」という地域や市民との連携で公園づくりを行う専門スタッフがおり、どんな活動をしたいか、どんな公園にしたいかを、市民と一緒に考え模索してくれる。時には公園から飛び出し、地域のキーマンと会い「公園でこんなことしませんか?」とプレゼンテーションする、営業マンのようでもある。市民と公園をつなぎ、新たな活動や事業を生み出している。

さらにボランティアとの関わり方も特徴的だ。参加者と想いを共有するための未来図をイラストにしたり、勉強会や研修も充実させるなど、丁寧なコミュニケーションを積み重ね、ある公園では年間のべ1万人近いボランティアが活動するという。

愛知県豊田市の「新とよパーク」では、利用者自らが管理主体となることで自由と責任がセットになったマネジメントが確立されている。公園整備にあたり住民参加型で計画を検討し、その過程で市民有志の「新とよパークパートナーズ」(以下、パートナーズ)という任意団体を組成し、維持管理方法や利用ルールについ

左 / NPO birthが公園に関わる人たちの想いを集めた「みんなの夢・里山絵図」
右 / スケートボードやバーベキューもできる「新とよパーク」で実現している新しい風景

て主体的に議論を進めた。パートナーズは、管理者ではなく利用者による組織であることがポイントだ。自分たちが場所を自由に使えるようにするために責任を持つ。公園でトラブルが起きれば、パートナーズが現地に行き、利用者にルールを共有し注意喚起する。利用者自らが整備プロセスや維持管理に関わることで、普通の公園ではなかなかできないストリートスポーツや火の使用についても許容されている。管理者と利用者が対立構造になるのではなく、理想の風景を共有しながら一緒に進んでいる。

人や情報をつなげ、関わる人を増やすマネジメント

前述した例ではいずれも、利用者が主体的・能動的に関わっていることが印象的だ。管理者と利用者が明確に線引きされるのではなく、利用者がイベント主催者になったり、ボランティアとして日常の維持管理に参加したりと、多様な関わりしろが用意されている。運営者にとっては、管理運営に協力的な人が増えれば、公園でできる事は広がるし、より良い運営に集中することができる。利用者も、公園に関わるなかでその場所を自分ごととして捉えられれば、自分の暮らすまちへの愛着が深まり、暮らしの豊か

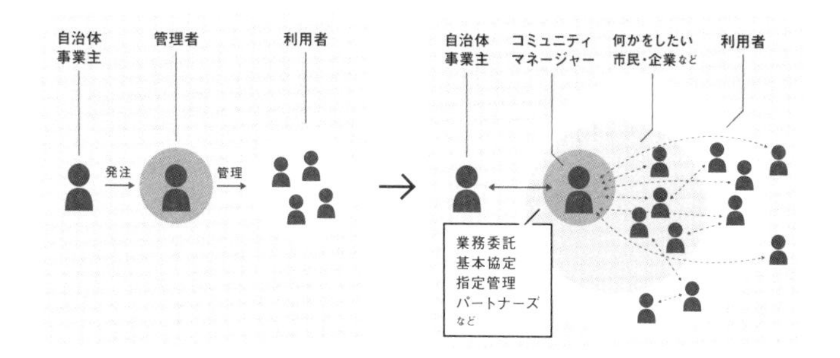

さにもつながるだろう。

その状況を実現するためには、運営者がたくさんの情報やつながりを持ち、育んでいることが重要だと感じる。人・情報・文化など地域のリソースとつながり、利用者のニーズや動機があったときに適切につないでいくことで、利用者が何かやってみたい、関わりたい、という際に背中を押してサポートすることができるからだ。

これからの場の運営には、単なる維持管理に留まらない、場と人をつなげる地域のハブとなるようなマネジメントが欠かせない役割になっていくだろう。(菊地)

新しい公園マネジメントに求められる3つのキーワード

利用者の「やってみたい」を引き出す	多様な関わりしろと寛容さ	人や情報をつなげる
誰かの「やりたい」を一緒に面白がり、実現に向け伴走し背中を押してくれる。	多様な活動や利用を大らかに受け入れる度量。公園にもその空気感が現れる。	日々情報発信／情報収集を行い、人と人、地域のリソースをつなぐ。

02

置く

公園はオープンであるからこそ、特に拠り所のないぼんやりした空間の場合がある。そこに、ポンと建築のようなものを置くことにより、それがハブとなり、豊かな意味や新たな行動を誘発することができる。水の流れに石を置くとその流れが一気に複雑化するように、機能や目的性が希薄な場だからこそ、そこに置かれる何かにより表情を変える。公園は多彩に姿を変えうる、抽象的でやわらかな存在である。

04 PARK and City Hall

公園 × 市役所

所在地	宮城県仙台市青葉区	竣工年	2018年
企画・設計	株式会社オープン・エー（担当／馬場正尊・大我さやか・石母田諭）＋株式会社リトルデザイン＋株式会社オブザボックス		
運営	Sendai Development Commission株式会社＋株式会社GUILD		

LIVE+RALLY PARK.

小さな仮設建築が大きな都市政策を導く

(きっかけ) 勾当台公園の可能性を検証する社会実験

仙台市役所の前に広がる勾当台(こうとうだい)公園。仙台の街を象徴するけやき並木の定禅寺通りに面しており、週末にはイベントが行われて多くの人が訪れるが、平日は賑わいが少なく、どこか茫漠とした空間が広がっていた。市役所と定禅寺通りをつなぐという立地条件を踏まえて、2018年に勾当台公園の可能性を検証するための社会実験が行われることになり、事業者の公募が実施された。この社会実験の成果が、後の市役所建て替えのプログラムにもつながっていくことになる。

(プロセス) 地元企業と組み、公園での日常を最大のメディアとして提案

この社会実験の公募がユニークだったのは、公園に関わる部署ではなく、文化観光局が主管課だったことだ。観光の部署が勾当台公園の可能性に目をつけ、この場所に仙台や東北の魅力を発信するための仮設的拠点をつくり、公園をフィールドにPR展開しながら、同時にこ

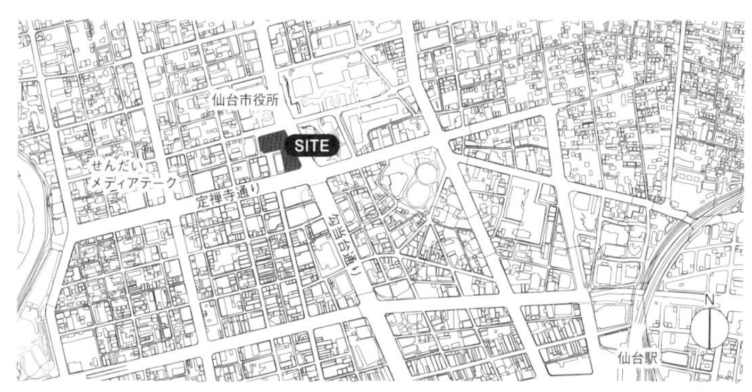

配置図　縮尺1/15000

上 / 設置前の公園。イベントが行われる週末以外は賑わいが少なく、茫漠とした空間
下 / 設置後の公園。ポップアップ店舗には大きなサッシとデッキを付け、縁側のようにした

ポップアップ店舗はコーヒースタンドと書店が一体化した空間。運営主体はSDCと、そのグループ会社で飲食業を営むGUILD

の公園の可能性も顕在化していくというものだった。

公募では、公園で展開するコンテンツ企画と運営手法にまつわる提案が求められた。仙台のまちづくり会社SDC(Sendai Development Commission)とSDCのグループ会社でありコーヒーショップなどを営むGUILD、映像とデザインの制作会社Academia Links、そしてOpen Aの4社がJV(共同企業体)を組み、人々が日常的にこの公園を使ったり身近に感じられるようなコーヒースタンドと書店のコンプレックスによるポップアップ店舗を提案した。SDCとGUILDの代表を務める本郷紘一さんは当時30代で、コーヒーショップや複数の美容室を経営する若き実業家。「1杯のコーヒーが街を豊かにする」というコ

オリジナルの屋台「せんだいヤタイ」や東北芸術工科大学の学生が発案したベンチを使って実験的にマルシェを開催した

ンセプトでまちづくりを展開していた。

地元のテレビ局も公募の競合だったと聞いているが、強力な発信力のあるマスメディアではなく僕らが採択された。その理由には、従来のPR・発信手法ではなく、日常的な公園の過ごし方を提案したことがあったのかもしれない。

日常というキーワードは、「LIVE+RALLY PARK.（ライブラリーパーク）」というネーミングにも込められている。ブックカフェとしてライブラリー（図書館）の意味も持ちながら、表記はLive（生活）をRally（集結させる）とし、東北6県の暮らしを集めて日常を連鎖させていきたいという願いを込めた。

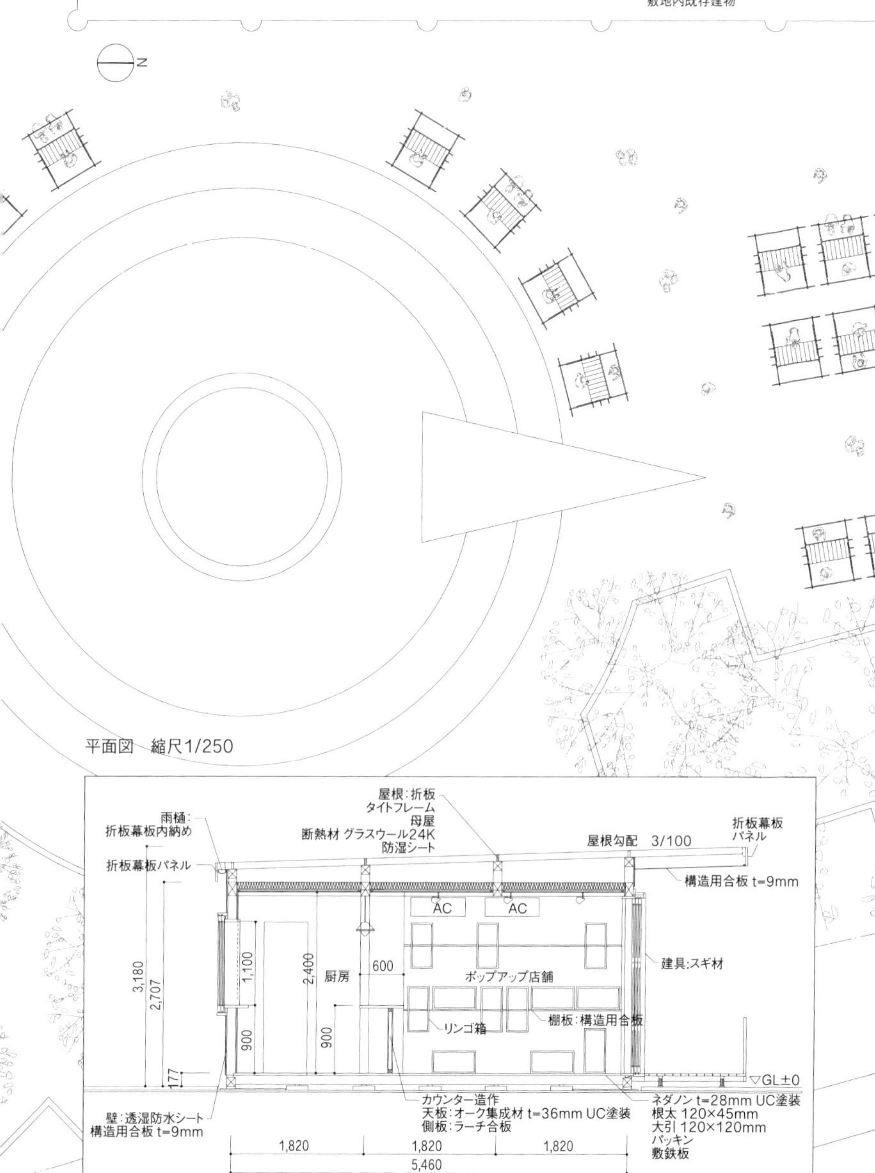
敷地内既存建物
N
平面図　縮尺1/250
屋根：折板
タイトフレーム
母屋
断熱材 グラスウール24K
防湿シート
雨樋：
折板幕板内納め
屋根勾配　3/100
折板幕板
パネル
折板幕板パネル
構造用合板 t=9mm
AC
AC
建具：スギ材
3,180
2,707
1,100
2,400
600
厨房
ポップアップ店舗
900
900
リンゴ箱
棚板：構造用合板
177
GL±0
カウンター造作
天板：オーク集成材 t=36mm UC塗装
側板：ラーチ合板
ネダノン t=28mm UC塗装
根太 120×45mm
大引 120×120mm
パッキン
敷鉄板
壁：透湿防水シート
構造用合板 t=9mm
1,820
1,820
1,820
5,460

断面図　縮尺1/100

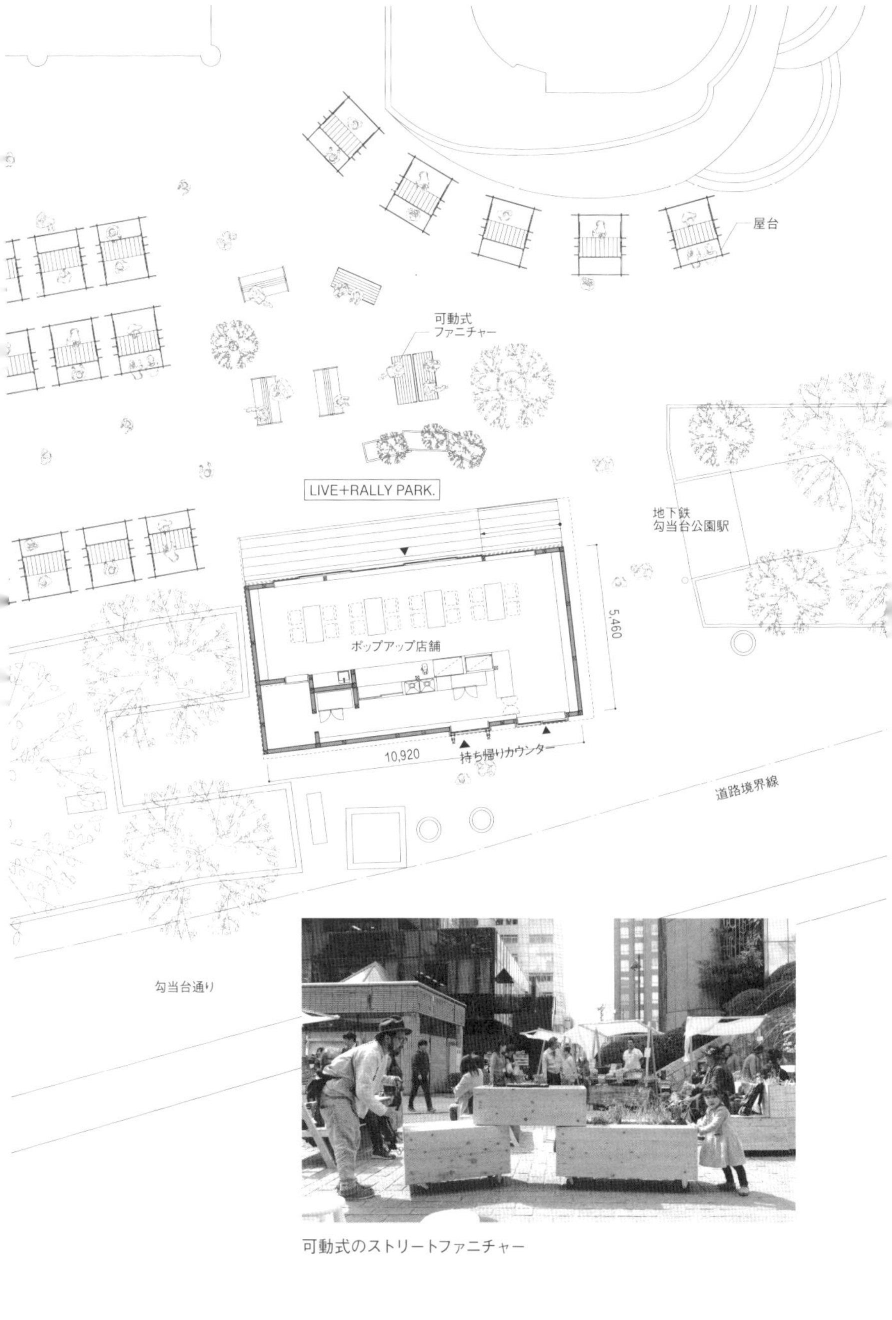

可動式のストリートファニチャー

（デザイン） ストリートファニチャーや屋台で滞在したくなる場を演出

公募では仮設が前提とされたが、テントのように簡易的なものではなく、建築然とした木造の建物を提案した。設置管理許可を申請する過程は複雑で、市が主導するプロジェクトだが申請窓口は青葉区となり、区役所と意思疎通を図るのに苦労した。これは政令指定都市ならではの課題といえる。

サイズは約60㎡で、あくまで仮設建築なので基礎が打てない。鉄板を敷いてその上に建築物をポンと置くという工事で、施工期間は2週間。期間限定のお神輿のような建築物だ。合板現しの極めてシンプルな木造の建築物で、大きなサッシがあり、前面が開放されて公園とつながる。サッシの前面にはデッキを設え、縁側のように人々が腰掛けたり、イベント時には即興的なステージになったりもした。

建物の前に置いたストリートファニチャーは、東北芸術工科大学の学生や卒業生を中心に、ワークショップで制作されたもの。公園全体を店舗のように扱いたかったので、可動式のストリートファニチャーや屋台を散りばめた。空母と戦艦のように、店舗を中心として、状況に応じたフォーメーションで配置できる。デザインや素材感は建築との関係性を意識して、植物もうまく絡めながら空間を構成していった。

（マネジメント） 多様なイベントを仕掛けて人の流れを変える

プログラムとしては、GUILDによるコーヒースタンドと、仙台を拠点に活動する移動本屋「ペンギン文庫」によるポップアップ書店を組み合わせた、ブックカフェのような形態となった。書店には仙台および東北6県にまつわる本が並ぶ。

社会実験の結果報告会で勝手にプレゼンした、市役所低層部と周囲の広場が公園化したイメージ(2019年)

社会実験の期間は1年間。ポップアップ店舗の前は人々の活動の拠点となって、マルシェやさまざまなイベントが行われた。あらゆる出来事を日常的に起こし、近くを通りかかる人や公園で過ごす市民がどう反応するのかを検証していく。すると、小さなタッチポイントとなる場所ができることで、人の流れが変わることがわかってきた。かつてはイベント時だけ賑わっていた公園に、ポップアップ店舗を中心に日常的に人が集まるという状況が生まれていった。

市役所の隣という立地柄、市職員もコーヒーを買いに立ち寄り、この変化を目の当たりにすることとなった。説得力は絶大だっただろう。政策をつくる市の職員たちが、自らこの公園のポテンシャルを体験したことに大きな意味がある。

SDCはまちづくりの一環として、定禅寺通りを舞台に「SENDAI COFFEE FES」を開催している。コーヒーショップが集まりコーヒー文化を楽しむというコンセプトで、同時開催するプロジェクトと合わせると毎年約10万人を集めるほど人気のイベントだ。期間中にも開催したところ、勾当台公園と定禅寺通りをイベントでつなぐ大規模な社会実験となった。

その後の展開 低層部を民間活用する新しい市役所への建て替え

約1年間の社会実験は高い評価を受け、店舗常設化の流れから、仙台市役所の建て替え計画の呼び水ともなった。

社会実験を終えた2019年、市民向けに結果報告会を兼ねたトークショーを行った際、頼まれてもいないが仙台市役所の建て替えのイメージを提案した。それは、仙台市役所の低層部と目の前にある市民広場や勾当台公園をつなげて、公民連携で運営するというもの。市役所と広場の間にある細い道路を週末限定で封鎖すれば、公園と市役所の低層部がシームレスにつながる。市役所の低層部に賃貸空間をつくり、ショップやラボ、メディアなどの機能を入れたら、新しい経済循環が生まれる。その運営母体を組織させて、市役所の低層部だけでなく勾当台公園を含めた公園全体を合わせてマネジメントしていく。そんな都市構造自体にインパクトを与える市役所にしてはどうですかと。

会場はざわつき、思いのほかウケた。そこには市長も参加していた。なんとその計画は実現に向けて進み、同年には仙台市役所建て替え事業のなか、低層部の民間活用調査業務が発令。そして僕は新庁舎の低層部や敷地内の広場、市民広場までを含めた周辺広場の一体的な魅力と賑わいに貢献する空間づくりの検討委員会の座長をしている。巨大な縦割り組織でこの提案が実現できるのかと半信半疑だったが、本当に動き出した。小さな社会実験が公共施設整備のプログラムに波及し、政策にまで展開したところがこのプロジェクトの面白さだ。

2021年に市庁舎本体の設計者として石本建築事務所と千葉学建築計画事務所の共同設計体がプロポーザルを経て選定され、同時進行する社会実験の結果が設計に反映されていく予定だ。

課題を挙げるとすれば、これだけ大規模な計画では複数の部署が絡むことになり、内部の調整が難しくなってくること。多部署を横断しながらとりまとめる体制づくりが鍵となる。

仙台新庁舎は、役所というプログラムに限らず、「公園と公共施設をつなぎながら公民連携で場を育てていく」モデルの先行事例になるだろう。公園は解釈の幅が広くやわらかな存在なので、何かと何かをつなぎ合わせるのにうってつけのツールだと言える。境界を溶かし、都市の動線をごく自然につないでくれる。これが公園が都市にもたらす新たな可能性だと考えている。(馬場)

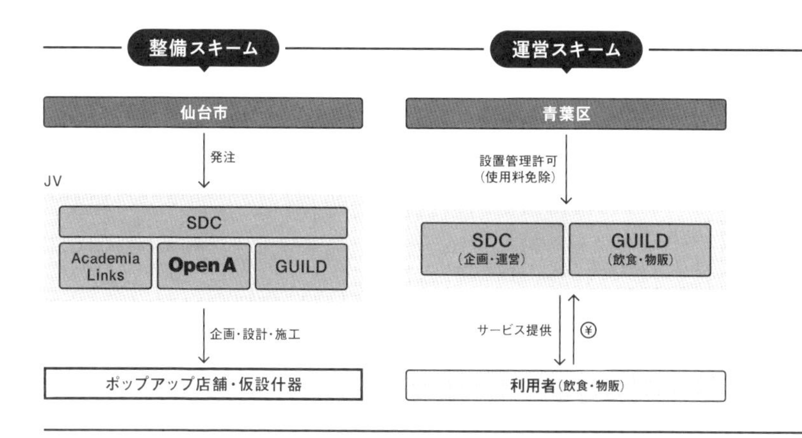

05 PARK and Station

公園×駅

所在地 神奈川県川崎市中原区 | **竣工年** 2021年

設計 木造棟＋広場：株式会社オープン・エー
（担当／馬場正尊・市江龍之介・塩津友理・竹川康平）
鉄骨棟：株式会社東急設計コンサルタント

運営 東急株式会社＋こすぎコアパーク管理運営協議会

こすぎコアパーク

駅前広場にコンテンツを散りばめる

(きっかけ) 再開発で取り残された駅前の三角広場

神奈川県川崎市の中でも、武蔵小杉は近年再開発が進むエリアだ。新しく立ち上がる多くの高層マンションや大型商業施設、公開空地などにより、街が大きく変化を続けている。こすぎコアパークは、2014年の再開発で生まれた、川崎市が管理する都市公園だ。東急・武蔵小杉駅の改札を出てすぐ、駅と商店街との境界に位置し、線路沿いに取り残されたような三角形の土地である。

配置図　縮尺1/10000

上 / 改修前。駅通路とはフェンスで分断されており、滞在空間も少ない
下 / 改修後。駅の自由通路と広場がシームレスにつながり、ベンチやカフェなど滞在空間が増えた

敷地北側より見る。線路と市道に挟まれた三角形

日本の多くの駅前広場は、「広場」というのは名ばかりで、滞在する場所がなかったり、車のための場所になっていたりすることが往々にしてある。この広場も、滞在できる空間が少なく、時折地域のイベントに使われる以外は通過動線と化していること、駅との動線が分断されていることなどが地域の課題として挙がっていた。

この1000㎡ほどの広場のリノベーションにあたっては、駅前の回遊性や滞在性を向上させること、年に何回か開催される、盆踊りなどの地域の活動を維持するためのスペースを確保すること、木陰をつくる樹木や待ち合わせ場所となるベンチ、気軽に立ち寄れる店舗など、滞在要素を加えていくことが求められた。

プロセス 行政と鉄道会社が連携した広場のリノベーション

駅前広場のリノベーションは、駅やその周辺と一体的な整備・管理運営が不可欠だ。地元からの要望を受け、2021年3月に東急と川崎市が都市再生特別措置法に基づく「まちなかウォーカブル区域」の特例制度「都市公園リノベーション協定」を締結。20年間の設置管理協定のもと、連携して広場のリノベーションに取り組むこととなった。それぞれの公共性を相互に生かす形で、整備の内容が取り決められた。

具体的には、東急が店舗やベンチ、植栽などの整備費用を負担する。川崎市は、持て余していたパブリックスペースに、民間企業の投資で整備が可能となり、東急もそこで利益を上げられ、住民も歩きにくかった広場の動線がスムーズになり、ちょっと立ち寄る場所もできる、と三者が少しずつハッピーになる構造だ。僕たちは協議の過程で東急から相談を受けたのがきっかけで、このプロジェクトの企画・設計に関わることになった。

デザイン 多角形の設えで、人の滞在と移動をデザイン

敷地を観察すると、時間帯によっては大勢の人が川の水のように流れていく。その流れを上手にコントロールできるゾーニングが必要だ。駅と広場を隔てる要素を丁寧に取り払い、流れが滑らかになるように地形を整える。そして流れの中に、石ころを散りばめ、緩やかにゾーニングする、そんなイメージで設計は進んだ。

人がスムーズに移動できるようにするためには、駅と広場間のフェンスと段差の撤去が欠かせない。管理区分が東急電鉄と川崎市に分かれるため、実現に至るまでの協議と調整には苦労したが、これによって人々の活動はダイナミックに変化した。

川の流れで削られた多角形の石ころをイメージした、建物、ベンチ、植栽枡などを、的確なところにポン、ポンと配置する。多角形は、表裏がはっきりしないところがよい。場所同士が真正面に向き合わないことで、独立しつつもなんとなく隣り合う関係性をつくった。

建物は広場の南北に1つずつ配置し、広場全体を緩やかに囲った。南の鉄骨棟は、広場の活動を受け止めるテラスを備えた2階建て。北の木造棟は平屋で、建物をえぐるように深い軒下空間がある。軒下には植栽やベンチを設え、自然と店舗の周囲に人々が寄りつきやすいような取っ掛かりをつくっている。

広場中央の床面には、周りのタワーマンションからも見下ろせるような大きさの、キャッチーなロゴサインを施しているのだが、実はそのサインの場所が地域の盆踊りの櫓（やぐら）スペースにもなっている。

マネジメント 地元協議会による広場の管理運営

2021年10月に広場は完成し、町内会、商店街、NPO法人小杉

上 / 駅の自由通路より広場を見る
下 / UMA/design farmが手がけた広場中央の床面のロゴサイン

平面図　縮尺1/800

駅周辺エリアマネジメントから構成される「こすぎコアパーク管理運営協議会」によって、日常の管理が行われている。

民間投資である以上、テナントによる収益も大切だ。建物の周囲に設定された滲み出しエリアに、積極的にコンテンツをはみ出させながら使ってもらい、一方で管理・運営も担ってもらう、そんな条件の下、設計と並行して、テナント探しが進んだ。

僕たちは当初、南側の鉄骨棟にはカフェ、北側の木造棟にはヨーロッパの広場にあるキオスクのような物販のスタンドをイメージしていた。鉄骨棟は想定通りカフェが入ったが、木造棟は焼き鳥屋となった。ガンガン炭火と油を使うから、床はもう真っ黒だ。店の周囲にはそれぞれパラソルと客席が出され、カフェで談笑するマダムと、夕方から焼き鳥屋で酒を飲むおっちゃんたち……。いい意味で武蔵小杉の新旧が共存している風景も面白い。

(その後の展開) ストリートに滲み出したコンテンツ

川崎市では、こすぎコアパーク西側の道路（市道小杉町21号線）

を含む駅前の公共空間を対象として、2020年と2022年に、歩いて楽しめるまちなかにするための社会実験を行っている。実験期間中は、歩行者空間化された道路上でさまざまなアクティビティが起こっていたようだ。駅前の道路が歩行者空間化されれば、広場の活動は道路まで拡張し、周囲の商店街や近隣広場にも人々が流れ、商業にも好影響を与えるかもしれない……そんな妄想をしてしまう。

現状、多くの駅前広場のコンテンツは駅ビルと一体化し、駅ビルと駅前広場、その先にバスロータリーやタクシー乗り場、というふうに機能が完全に分断されている。鉄道会社と行政が積極的に連携してゾーニングを包括的に組み替えれば、今とは違う駅前広場の可能性が見えてくるのではないだろうか。

大抵の駅前広場は都市計画上は道路であり、建物を建てるハードルが高い。都市公園が駅に隣接した特異ケースであるこすぎコアパークは、駅前広場というフォーマットに対する1つのベクトルを示している。さまざまな人が交差する駅前にぽつりぽつりとコンテンツが置かれる、分散型の駅前広場の可能性を考えている。(馬場)

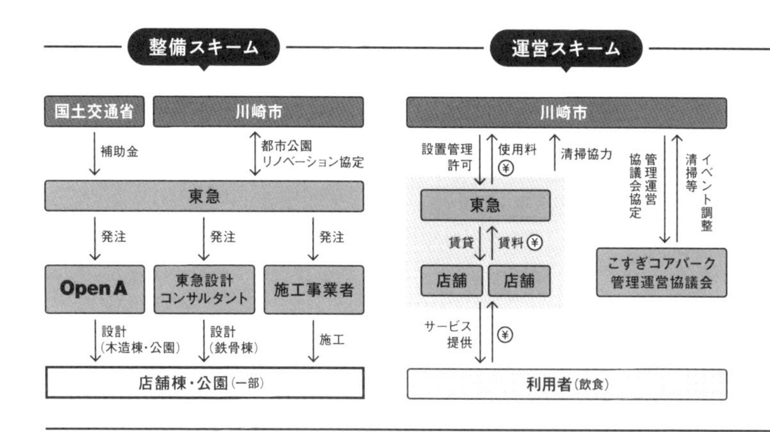

06 PARK and Studio
公園 × スタジオ

KURUMERU

ひらかれた建築が
公園に新たな出来事を起こす

所在地	福岡県久留米市	**竣工年**	2022年
設計	株式会社オープン・エー(担当/馬場正尊・小倉畑昂祐)+ICE/ichie architects		
運営	高橋株式会社		

きっかけ　公園の各種施設をつなぎ人の流れを生む

福岡市から電車で1時間ほどの県境の街、久留米市。筑後川を軸とする自然豊かなエリアと市街地をつなぐ位置に、久留米市立中央公園という大きな公園がある。敷地内に福岡県青少年科学館や久留米市鳥類センターといった文化施設が集積していることから、家族連れにも人気が高く、久留米市民にとっては馴染みの深い公園だ。

そんな市の象徴ともいえる場所で、久留米市初のPark-PFIが実施されることとなった。公園の中に、拠り所となる公募対象公園施設（交流施設）と特定公園施設（公共トイレ、駐車場、駐輪場、園路、ベンチ）を整備するもの。公園内に豊かな自然や文化施設はたくさん存在しているものの、それらが特に連携し合うことのない状況で、このプロジェクトを機にそれらを統合し、新しい人の流れを生むことが期待されていた。

この公募に、ちはや公園（p.58）で協働した高橋株式会社（以下、高橋社）から一緒に取り組まないかと声をかけてもらったのが関わりのきっかけだ。前述の通り、高橋社はスポーツやレジャー事業を手がける企業だが、本社は久留米市にある。運営事業者として高橋社、施工者として地元のゼネコンである金子建設、そして設計者として僕たちOpen Aがチーム（久留米市中央公園〈グッドサイクル〉プロジェクト共同体）となって取り組んだ。

プロセス　地域の多様なプレイヤーをつなぐハブ

2021年1月、僕たちのチームは、食と健康のグッドサイクルをつくる「グッドサイクルプロジェクト」というテーマを掲げ、事業者に選定された。

配置図　縮尺1/20000

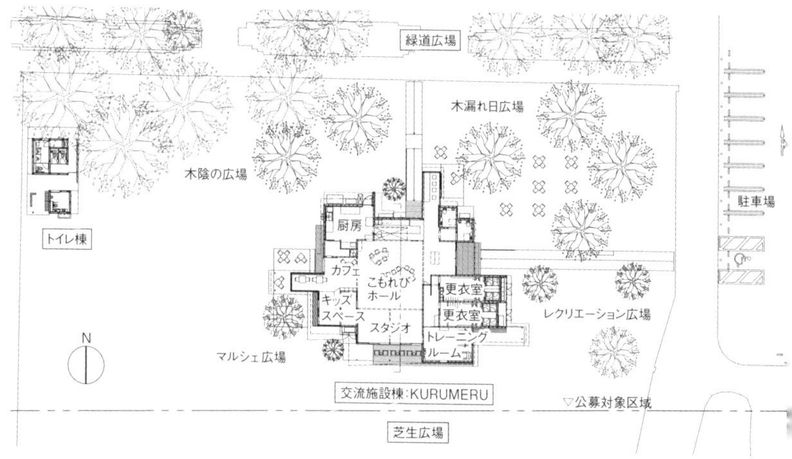

平面図　縮尺1/800

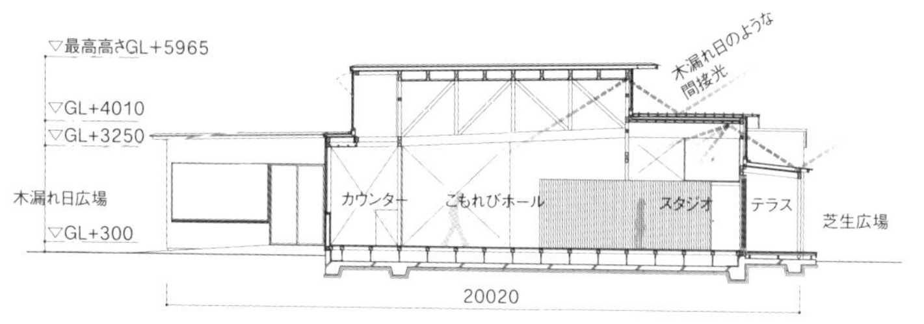

断面図　縮尺1/300

芝生広場と緑道をつなぎ、既存のランドスケープの中に溶け込むようにポンと置かれているのが、交流施設「KURUMERU」。左手がトイレ棟

KURUMERU中央のこもれびホール。ハイサイドライトからの光が天井に反射し、全体を明るく照らす

天井を低く抑えたキッズスペース。カーペット敷きで子どもも過ごしやすい

公募要項上の用途は「休憩施設＋何か」というような事業者の提案の余地を残したもので、その自由度が面白かった。公園に何を掛け合わせると効果的かを考え出てきたのが、公園の真ん中に食と健康をテーマとした「ライフスタジオ」を設け、そこをハブとして、公園全体をその活動の舞台とするというアイデア。高橋社がすでに持っている地域のプレイヤーとのつながりを、この公園に引き込みさらに拡張させ、運動、マルシェ、読書、休憩といったさまざまな活動へと広げていく。

事業者に選定された後、急ピッチで設計に取り組み、2021年11月に着工。オープン間際には、地域住民たちに広場への芝生張りの手伝いを募るイベントなども組み込みながら、翌2022年7月、カフェ、ライフスタジオなどを備える交流施設「KURUMERU（くるめる）」がオープンした。

（デザイン） 正面をつくらず四方に開かれたプラン

公園を取り巻くさまざまな活動の拠点として、周囲の公共空間にアクセスしやすく、かつそれらをつなぎとめるような建築のあり方がないだろうか。まずは建物を公園の「どこに置くか」が肝となる。公園の中で、ツボとなる場所を探した。

対象敷地として指定されていたのは公園南側にある芝生広場の一角。まず、その中央に建物を配置することで、さまざまな方向からアプローチしやすくなるだけでなく、茫漠とした芝生広場を、緩やかに4つのエリアに分割し、目的によって使い方を変えられるようにした。公園との一体感が損なわれないよう、駐車場は道路と接する東端に寄せた。建物を中心に、いろいろな方向へのパスをつくる感覚で、結果的に、正面がはっきりしない、四方に手を伸ばすようなプランニングとなった。

木造トラスによる凹凸のある断面形状は、間接光や直射光が入り混じる木陰のような状態をつくりだす。中央のこもれびホールは天井高が高く、室内から公園へと駆け出していきたくなるような、外との連続性が高い場所。ホールの周囲には天井高が低く、落ち着いて静かに本を読んだりできるような居場所を散りばめ、ワンルームの中にいろいろなモードの場所を設けている。屋根の高さのずれがそのままハイサイドライトになり、差し込む光が光沢のある天井に映り込み、季節や時間帯によって室内の表情を変える。室内にいても、周りの公園を感じられるデザインとした。

(マネジメント) 管理区分を緩やかにつなげる寛容な運営

多くの施設を運営してきている高橋社ならではの軽やかさで、KURUMERUにもイベント運営や飲食事業のノウハウが取り入れられている。地元のシェフと連携して地場の食材を使ったメニューを開発したり、味噌玉づくりのワークショップなども開催されているようだ。天井の低い場所は、子連れの催しに活用されたりと、建築の中に散りばめられた大小の空間を工夫しながら使い倒してくれている。

その活動は建物に閉じることなく、公園や緑道にも拡張している。芝生広場でヨガ教室が開催されたり、快適に過ごすためのゴザや遊具の貸出なども行われ、建物の外側へと活動領域が拡張されている。

管理区分を厳密に分ければ、その使用には占用許可が必要になるのかもしれないが、このあたりはあえてルーズにしているのではないだろうか。Park-PFI自体がまだ新しい試みだから、はじめにルールをすべて明文化することには限界がある。行政と民間の間で信頼関係を構築しながら、手探りで落とし所を見つけていく必要があるのだ。本来、制度やルールは、信頼関係によって伸縮するものだ。その場所に

上 / 公園で開催されているパーク・ヨガ
下左・下中 / オープン後。ワンルームの中に散りばめられた居場所でくつろぐ人たち
下右 / 北側の緑道からのアプローチ

責任を持ち、地域を発展させていこうという意識を持った事業者と組めるかが行政にとっての肝になる。

実現のポイント　郷土愛の深い企業だから実現できる地域経営

久留米のような人口30万人ほどの都市でPark-PFIに関わり痛感するのは、運営事業者が、地域に根ざした存在であること、そして郷土愛が企業の基本姿勢にあることの重要性だ。

東京や大阪のような大都市に比べると、来館者はどうしても少ないため、施設単体の運営で事業収支を合わせるのは楽なことではない。だからこそポイントとなるのは、空間もマネジメントも、施設内・公園内に閉じないことだ。公園を中心に他の施設との連携を図り地元企業とのネットワークをつくりながら、中長期的、そして面的な目線で経営を考える。それは、やはり地域に責任を持つ地元企業だからこそできることではないだろうか。高橋社も、KURUMERUやちはや公園での試行錯誤を通じて、「施設の運営」から「地域全体の経営」へと視点をシフトしているように感じる。

だからこそ、行政には民間の想像力や提案力を引き出すような、自由度の高い公募要項を積極的に仕掛けてほしいと思う。たとえば、Park-PFIの公募の際、対象敷地はあらかじめ行政から指定されがちだ。もちろん給排水などの事情もあるのは重々承知だが、もっと公園全体をリノベーションするような自由度があれば、さらに面白い状況を生むのではないだろうか。事業者の規模が小さくても参加できるような、地方都市ならではの枠組みも必要だ。その積み重ねで、公園が街の個性を生み出す場所になっていくのではないだろうか。(馬場)

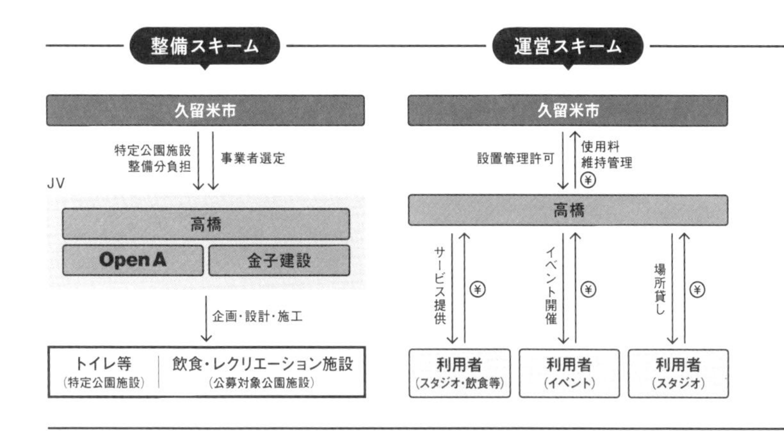

03

重ねる

公園は真っさらなキャンバスのようでもある。そこに色を塗り重ねるように、また新たな機能のレイヤーを重ねるように、多層的な使い方や解釈が可能だ。たとえば、昼は公園、夜は宿泊施設。同じ空間でも時間によってまったく異なる機能を持った公園がある。また、建物や人工地盤上に公園を重ね合わせる立体都市公園制度もできた。同じオープンスペースでも、法的には公園とも、広場とも、空き地とも定義することは可能で、どんな機能と組み合わせるかによって解釈の幅が生じる。想像や解釈の余白が残されている空間だからこそ、多様な重ね合わせが許される。

07 PARK and Roadside Station
公園 × 道の駅

所在地	静岡県静岡市清水区	竣工年	2022年
企画	株式会社オープン・エー(担当/馬場正尊・石母田諭・野上晴香)+公共R不動産(担当/小柴智絵)		
基本・実施設計/監理監修	株式会社オープン・エー		
運営	株式会社スルガスマイル		

トライアルパーク蒲原

残土を使った公園で道の駅への可能性を試す

きっかけ 道の駅事業に向けたトライアルサウンディング

静岡市からの一通のメールからプロジェクトは始まった。2019年頃、静岡市清水区蒲原（かんばら）地区にある元高校のグラウンドで道の駅整備事業が検討されていた。蒲原地区は江戸時代に整備された東海道の宿場町としてノスタルジックな街並みを残しながらも、最近では来訪者が減って空き家が目立つようになっていた。そんな背景から、蒲原の街を周遊してもらうきっかけとして道の駅の設置検討が始まった。

敷地は国道1号線からほど近く、駿河湾に面して北には富士山を望むというロケーション。当時は建設発生土の受け入れ場として使われていた。その場所で事業が成立するのか確信が持てないなかで、いきなり道の駅を整備するのではなく、小さな投資で暫定的にオープンさせる「トライアルサウンディング」の相談を静岡市建設局道路部道路計画課(当時)から受けたというわけだ。トライアルサウンディングとは、サウンディングと社会実験を組み合わせた公民連携の手法の1つ。期間限定の実践を通して、行政と民間企業がイメージをすり合わせ、同時に民間企業が事業性を検証するというものだ。Open Aの社内ベンチャーとして立ち上がった、メディアでありコンサルティングも行う公共R不動産が提唱した手法である。ここでは3年間という中長期のトライアルサウンディング事業を実施することになり、公共R不動産がその事業スキームを検討した。

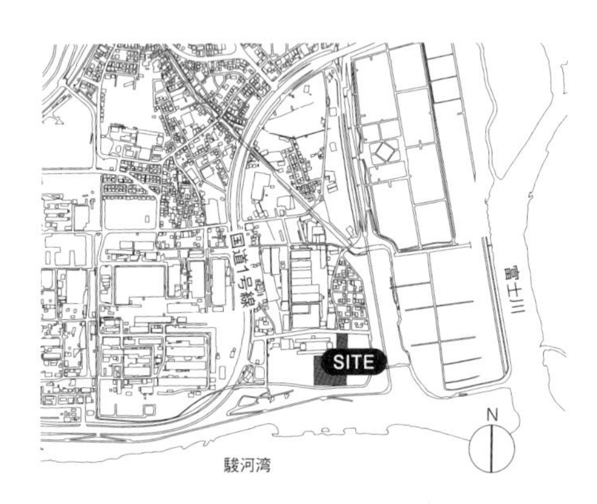

配置図　縮尺1/30000

上 / 建設発生土の受け入れ場だった敷地。奥に富士山が見える
下 / 全体を囲む築山と大小の芝生空間、小さな3つの建物で構成されている

（プロセス）事業スキームの構築と設計をワンチームで

プロジェクトの目的は、この場所で持続可能な道の駅の運営ができるかどうかの検証である。トライアルサウンディング事業として、この空間の運営事業者を探すために、2021年4月に市民や企業が参加するワークショップ「1DAY RePUBLIC アイディアキャンプ」を開催した。公共R不動産が中心となり企画運営し、プロジェクトに相性が良さそうな人や企業を募集しながら、道の駅に必要なコンテンツを考えていくものだ。

事業をアドバイスする専門家にも協力をあおいだ。市の方針で、街を周遊するサイクルツーリズム拠点機能を備えることが決まっていたので、サイクルツーリズムを専門とする株式会社 UNITED SPORTSの馬場隆司さん、そして多彩なアウトドア事業を展開する株式会社Wonder Wanderersの須藤玲央奈さんの協力を得て、強固なチームづくりをサポートしていった。

こうして地元を盛り上げようと活動する人々が出会い、アイデアを交わしながら蒲原地区全体を盛り上げるプランが立てられていった。後に運営事業者の構成員となった企業のいくつかはワークショップに参加していて、企業同士のマッチングを生み出す場ともなった。

ワークショップを経て、公共R不動産が事業スキームの構築、公募要項の作成支援などを進めると同時に、Open Aが基本計画と設計を進めていった。設計担当者もオブザーバーとしてワークショップに参加し、コンテンツのアイデアを設計に取り入れた。事業スキームの構築者と設計者がワンチームとなり、事業者の意見を聞きながら事業スキームを見据えて、柔軟に設計に落とし込めること。これが、Open Aと公共R不動産がタッグを組む強みと言えるだろう。

上 / 建設発生土で小高い山に囲まれた盆地のような地形をつくった
下 / プロジェクトに参加する人や企業を探すワークショップ「1 DAY RePUBLIC アイディアキャンプ」

平面図　縮尺1/1500

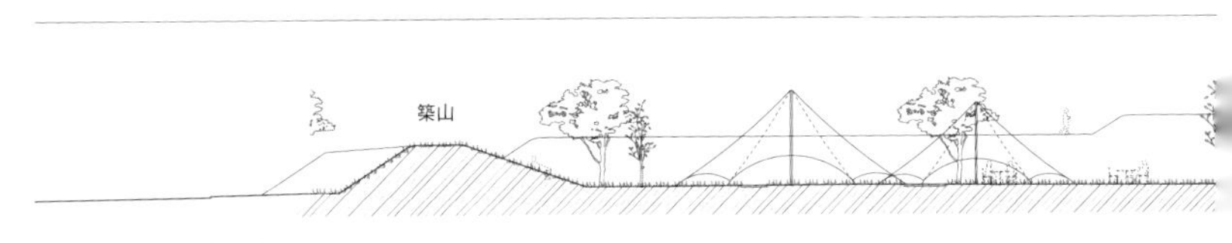

断面図　縮尺1/600

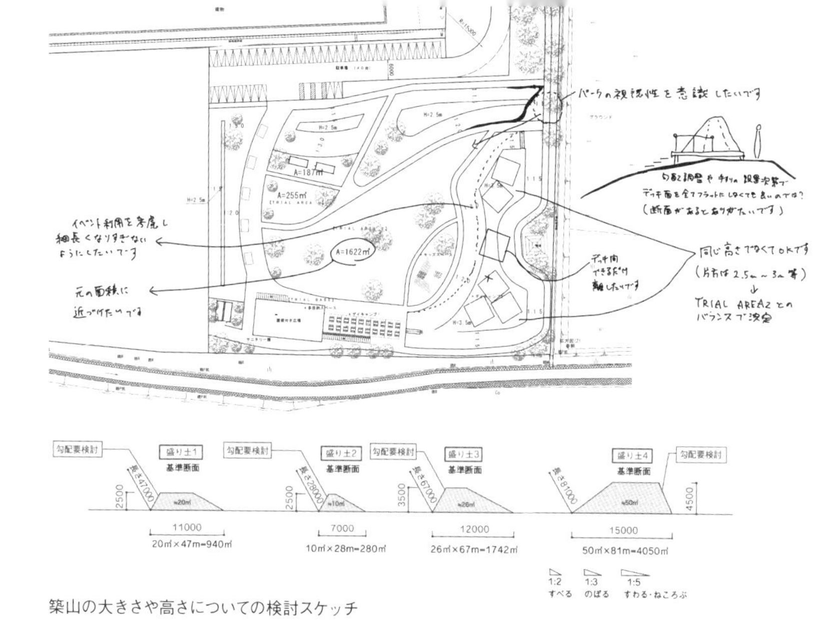

築山の大きさや高さについての検討スケッチ

デザインしたランドスケープに沿って建設発生土を受け入れてもらうことで造成費を削減

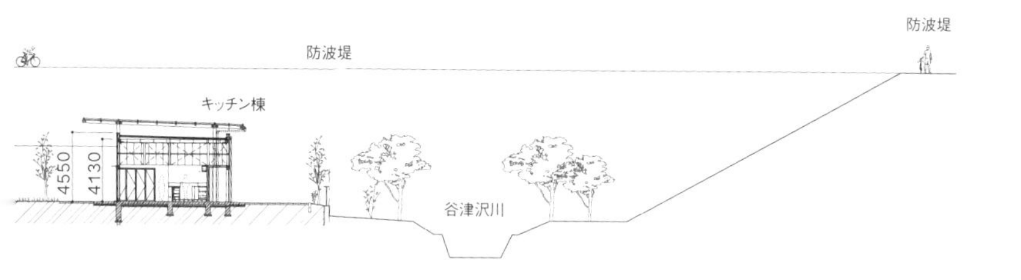

デザイン 人工の地形を建築の一部として活かす

建築や外構をしっかりと整備すれば費用がかなり膨らんでしまうが、今回はあくまで可能性の検証なので、予算は1億4000万円と限られていた。事業用地の広さは約1.25ha。茫漠とした土地に5mを超える高さの建設発生土が無造作に積まれていた様は、まるで人工の地形のように見えた。その荒地に立ちすくんでいたのだが、ふと土砂の山から視線をあげると、向こうには富士山が見えた。

このとき出てきたアイデアが、すでにある人工の地形自体を建築の一部として捉えること。つまり建設発生土を僕らがデザインする通りに置いてもらい、できた山を積極的に使ってみるのだ。土砂の山による不思議な地形に芝生をはりめぐらす。こうして小高い山に囲まれた盆地のような公園をコストを抑えてつくることができた。

敷地内には事業のトライアルベースとなるキッチン棟とトイレ棟を新設した。シンプルな鉄骨構造で、壁面の素材に半透明のポリカーボネート板を使用することで、昼は明るく光を取り入れ、夜は行燈(あんどん)のように建物自体が発光し周りをやさしく照らす。キッチン棟とトイレ棟をつなぐ屋根下は、雨のときに重宝されている。丘の傾斜には階段をつけたり、屋外のアクティビティを想定してウッドデッキを設置したりと、敷地全体を回遊できるやわらかな動線をつくっている。

整備のプロセスや素材も「トライアル」として、試行錯誤を重ねていった。市は企業版ふるさと納税を活用して賛同企業から整備費として約2500万円を調達したほか、歩道には放任竹林対策を研究する福岡大学と連携して竹チップ舗装をしたり、芝生の植生基盤材に田子の浦の浚渫土(しゅんせつ)を再利用するなど、敷地を実証実験の場とすることでコストを抑えながら新しい技術を取り入れている。

上 / キッチン棟とトイレ棟。開発中の竹チップ舗装や、新製品PRのために提供されたベンチなど、新しい技術やアイデアを実験的に取り入れながら整備した
下左 / トライアルパークを起点に開催された活用可能な空き家見学ツアー。東海道の宿場町・蒲原と由比を自転車で走りながら空き家の活用事例を学ぶ
下右 / 蒲原の風景を保存し、移住につなげる活動「まち泊」の第1号として誕生した、古民家を改修した民泊の宿「456(シゴロク)」

マネジメント　日々のトライアルから可能性をあぶり出す

2022年1月、プロポーザルを経て、地元企業5社からなる共同企業体・株式会社スルガスマイルが運営事業者に採択された。

前提として、サイクルツーリズム拠点機能を持つトライアルパークには道路法が適用され、「市道の道路休憩施設」と位置づけられている。市がスルガスマイルに道路の占用を許可し、スルガスマイルは占用料を市に支払って自主事業を行うというスキーム。事業期間は3年間となっている。

今後あらゆるトライアルを重ねていくことから、施設は「トライアルパーク」と名づけられた。サウナをつくったり、地元のテレビ局とイベントを企画したり、地元の老舗ラーメン店を事業承継してモバイル屋台で展開したり、日々あらゆるトライアルが実践されている。現場から挙がってきたトライアルのデータが定期的に市や専門家に共有され、道の駅の整備につながるエビデンスとなっていく。

実現のポイント 行政が制度を柔軟に運用できる公園の曖昧性

2022年7月の開業以降、スルガスマイルは空き物件を購入してリノベーションした宿を営んだり、駅とトライアルパークをつなぐ移動手段としてシェアサイクル事業を始めたり、その活動はトライアルパークを飛び越えて蒲原の街へと波及している。

実は運営事業者の公募要項にはエリアリノベーションへの布石が打たれていた。市の目的は公園の運営にとどまらず、そこを基点に蒲原の街を周遊してもらうことだったので、公募要項の大項目に「エリア全体の価値向上」や「歴史的建造物の継承」も含まれていたのだ。スルガスマイルの取り組みは積極的にそして着実に、蒲原の新たな暮らしや観光要素を呼び起こしている。

今回のプロジェクトは、道路の担当部署が主管だったことにも大きな特徴があった。計画通りに進めるイメージが強い道路行政だが、建設局道路部道路計画課の塚田俊明さんと堀井一嗣さん、渡邉泰史さん（当時）は道路や道の駅を柔軟に解釈し、既成概念にとらわれないプロセスに挑んだ。トライアルパークというオープンエンドで、トライアンドエラーを許容しながら推進する枠組みをつくったことが、なによりも画期的だった。

この事業が象徴するように、近年では行政の各部署が持つ役割が変わり始めている。道路の部署は道路をつくり管理することが仕事だった。ところが、つくって管理する時代から、「活用すること」が求められる時代になりつつある。必然的に新しい手法が求められ、これまでは付き合いがなかった部署や企業との調整が発生する。

今後、行政は縦割りからの脱却が求められるようになり、それには軋轢や困難が伴うだろう。そんなときに公園というのは、実に都合がいい空間であり、呼び名だと言える。なぜなら、公園とは解釈の幅が広く、目的が限定されないからだ。公園が持つ曖昧性が、多様なニーズや文脈、活用手法を柔軟に受け止め、生き生きとした空間を生み出していく。(馬場)

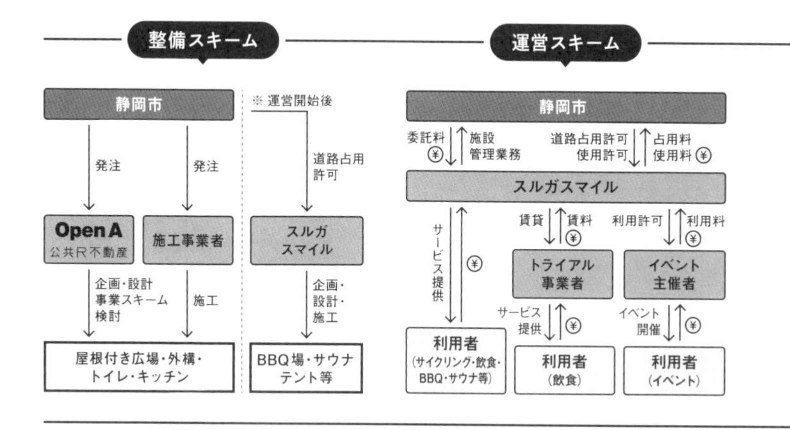

08 PARK and Bridge
公園×橋

桜城橋
橋上広場

橋の上の公園は
活用されるのを待っている

所在地 愛知県岡崎市 | **竣工年** 2022年

設計 株式会社オープン・エー（担当／馬場正尊・石母田諭・野上晴香）

運営 三菱地所株式会社＋株式会社三河家守舎＋サンモク工業株式会社（提案時）

(きっかけ) 公共空間活用の連鎖をめざすQURUWA戦略

このプロジェクトは、「QURUWA戦略（乙川リバーフロント地区公民連携まちづくり基本計画）」という大きな都市政策の中に位置づけられている。岡崎市の中心部に位置する公共空間のそれぞれを「Q」の字で結んだエリアを「QURUWA」と名づけ、関係を持たず散らばっていた公共空間の連鎖的な活用を促していくというもの。この構想の一環で桜城橋橋上広場と橋詰広場を対象したPark-PFIが実施された。

桜城橋は、岡崎城下を流れる乙川に架かる、全長121.5m、有効幅員16m、面積2000㎡の広大な橋上公園だ。名鉄東岡崎駅から中央緑道、籠田公園へとつながる、むくりの美しいヒノキの橋で、木の香りがフワッと漂う。この橋は、計画当初から災害時などに大型の緊急車両が通行することを想定し、荷重計画に余裕を持たせて設計されていた。日本の都市計画には珍しく、余白や可能性を残した設計がな

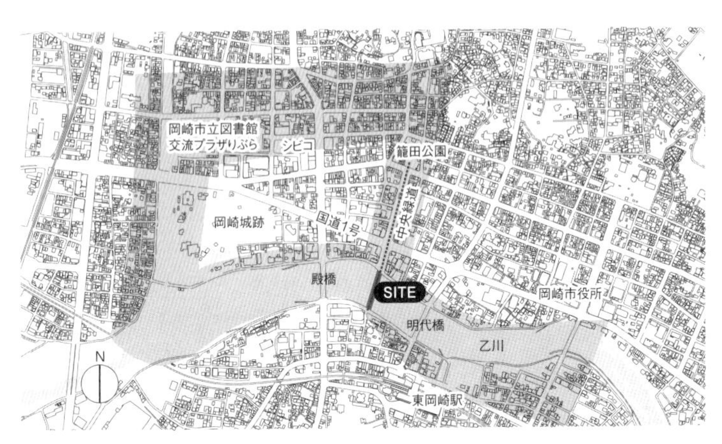

配置図　縮尺1/25000
川や主要な公共施設をつないだQの字のQURUWAエリア上で、公共空間の整備や社会実験が行われ、民間の小さなリノベーションも誘発されている

提案時の全景パース。橋上広場と橋詰広場を同時に提案した

されていたことが、その後の展開につながっている。

プロセス 特定公園施設と公募対象公園施設を入れ子にする逆算の発想

2020年1月、「Park-PFIによる中央緑道等（桜城橋橋上広場と橋詰広場）整備運営事業」の事業者公募に応募した。僕たちとチームを組んだのは、地元岡崎で活動する三河家守舎、そして地元の建設会社であるサンモク工業、大手デベロッパーの三菱地所。

最初に声をかけてくれたのが、三河家守舎の山田高広さん。山田さんは、「森、道、市場」という全国から500店舗以上が集まる巨大マーケットと音楽イベントを主催する剛腕の持ち主だ。その日本有数のコンテンツネットワークを利用して、さまざまなプレイヤーが入れ替わり立ち替わりで出店できるような場所をつくりたい、しかも非日常性のある橋の上にその風景を生み出したいという想いをもっていた。

フィレンツェのポンテ・ヴェッキオなど、橋上建築の名作はいくつか思い浮かぶが、風景を眺めることを超えて、そこで飲み食いしながらくつろぐような総合的体験ができる橋は日本には少ない。山田さんが繰り返し言っていたのが「岡崎の心象風景を次の世代に引き継ぎたい」ということ。彼にとっては、乙川が生まれ育った街の心象風景であり、橋の上から日常的に乙川を望む体験は、将来的に地域に人が戻ってきて、そこで働きたいと思うための重要なファクターになるというのだ。実際、橋の上から望む岡崎の風景はとてもドラマチックだ。

　こうした地元プレイヤーの熱い想いに、三菱地所が乗った。橋上のPark-PFIだけでは事業規模が小さく、大企業には投資対効果が合わないが、QURUWA戦略の1つとして、乙川沿いで計画されていたコンベンションホールとホテルの建設・運営のPFI事業と合わせる形であれ

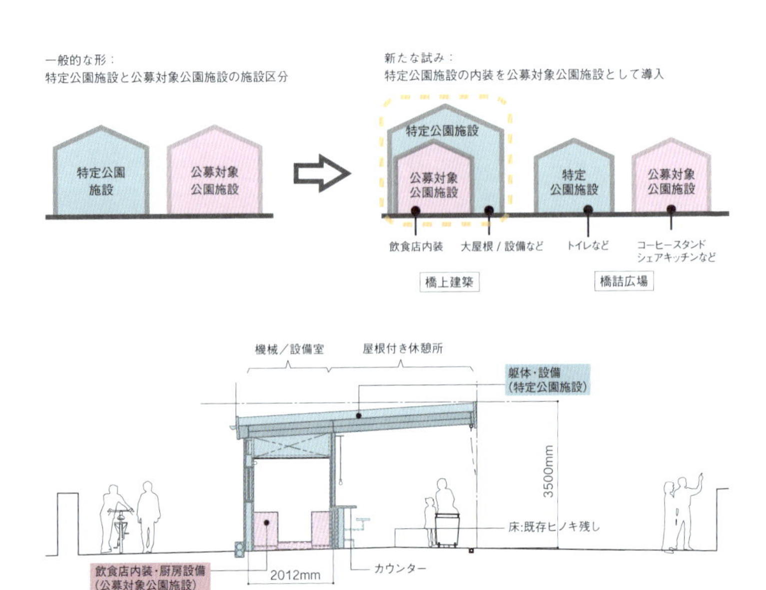

公募時のダイアグラム。橋上建築においては、公募対象公園施設と特定公園施設を1つの建物／空間として捉え、入れ子状の民間機能により公共機能の効果を最大化する管理運営を行う提案

上 / 乙川河川敷より見る桜城橋
下 / 橋上より見る。橋のゆるやかな傾斜に沿って段差状のデッキが設けられている

ば採算の目処が立つ。超巨大PFI事業と、橋の上のごく小さなPark-PFI事業、この2つのコンテンツの連動によって、岡崎市民や街を訪れる人々の動線を関連づけ、相乗効果も生まれると考えた。

検討のプロセスで最もテクニカルだったのが「特定公園施設」と「公募対象公園施設」の解き方だ。Park-PFIで整備される施設には、行政投資で整備する「特定公園施設」と民間投資で整備し収益活動を行える「公募対象公園施設」がある。この2つは明確に分けて建築されるのが一般的で、前者にはトイレや水回り、後者が店舗などに充てられる。

しかしこのプロジェクトでは、恒久的な躯体となる大屋根休憩施設（フレーム部分）を特定公園施設、大屋根の利便性を向上させる仮設的な内装（インフィル）を公募対象公園施設として入れ子状にするという、前例のないアクロバティックな整理を試みた（p.120の図）。これは、山田さんをはじめ、関わる人たちに強く思い描く風景があり、それを法律でどう解釈すれば実現できるかを考える、逆算の発想だからこそ発見した手法だ。今振り返れば、これが後々起こる想定外の事態に生きてくることとなった。

この手法が実現した背景には、岡崎市の担当部署である公民連携推進チーム（まちづくり推進課QURUWA戦略係）が、関係部署をつ

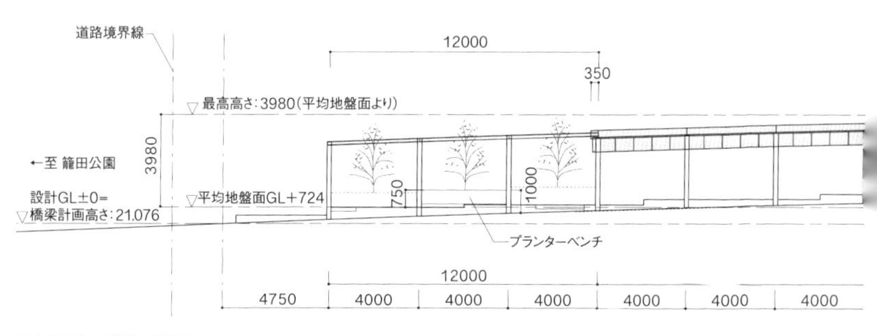

西立面図　縮尺1/350

なぐハブ的役割を果たしていたことがある。岡崎市では、アフタヌーンソサエティの清水義次さんを座長に、全関係部署が集まる定例会議が約3カ月に一度の頻度で開催され、そこでQURUWAプロジェクトの大きいものから小さいものまで進捗状況が共有されていた。定期的に情報や想いを共有しているからこそ、大胆なチャレンジが可能になっていたのだろう。ところが、市長交代やコロナ禍も重なり、2020年にPark-PFIプロジェクトは一時凍結となった。その後、建設できるのは特定公園施設のみとなり、公募対象公園施設は実現できないことが確定した。

デザイン 見たかった風景と、凍結後に実現した風景

チーム共通のイメージとしてあったのが、ヨーロッパで見た、道の真ん中にテーブルを並べディナーを楽しんでいる風景。それを橋の上で実現できたら面白いと思った。橋の上だからこそ可能な、長い大きな屋根とカウンター、そこに複数の店舗が並び、地元の人と観光客が混ざり合って座っている。偶然隣同士になった人とおしゃべりが弾む、そんな風景。結果、配置としては橋の中央にカウンターが並行に2本配置

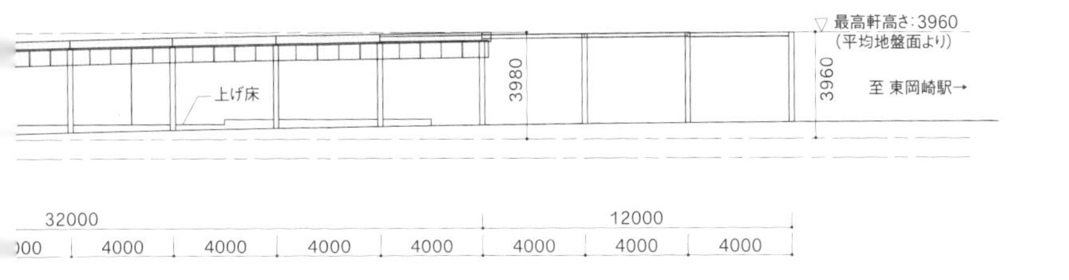

2021年末〜2022年年始にかけて行ったフレームのモックアップを橋の上に組み上げる実証実験「かわのうえのあれれ！」

され、その間に厨房が挟まるという構成になった。構成はすぐに決まったが、床レベルがフラットではなく、中央に向かって傾斜がついている橋ならではの特性のため、屋根やカウンターのレベル合わせに苦戦したりもした。

川面を通る風や変化していく空や川の色、周囲の気配、それらをダイレクトに感じられる居場所をつくりたかったから、建物はできる限りオープンにした。誰もが自由に通り過ぎる橋という公共空間に、閉じられた店舗空間があるのはおかしい。橋を通る人たちがふらりと立ち寄り、また去っていく、そんな行動がごく自然に起こる様も含めて心象風景として記憶されることを思い描いた。

上 / 特定公園施設の完成後、2023年9月に橋の上で行われたイベント「丘の途中の夜市」。桜城橋の北側に続く中央緑道沿いにオフィスを構える建築設計事務所Studio36らが近隣のプレイヤーと実行委員会を組織し主催
下2点 / 中央緑道(左)と籠田公園(右)。桜城橋から連続した歩行者空間が形成されている

前述の通り、このプロジェクトは途中で一時凍結となった。紆余曲折の末、特定公園施設部分（フレーム部分）までしか実現できないことが決まった時、このまま関わり続けるかどうか凄く悩んだ。しかし、未来へのなんらかの手がかりと記憶を残すためにも、一か八かで取り組んだ。フレームだけが立ち上がることを前提とした、引き算の設計変更。設備用ピットが用意されているのに空洞のままという不自然な状況があちこちで発生しているのを、不自然ではなく見せることに苦心した。

完成の風景を知っている僕らには未完成に見えているが、背景を知らない市民には完成形に見えているかもしれない。投資さえあればいつでも事業が始められる状態のインフラが整い、不確実性を許容できる状況になっているとも言える。少し願望に寄りすぎているかもしれないけれど。

マネジメント 橋の上の空間を使いこなすプレイヤーを育てる

運営は、前述の三河家守舎が担うことが想定されていたので、基本設計が終わって着工する前の短い期間（2021年12月〜2022年1月）に、フレームのモックアップを橋の上に組み上げる実証実験「かわのうえのあれれ！」を実施した。どんな風景が立ち上がるのか、何が通行の妨げとなるのかを検証したり、想像以上の風の強さを実感したり。仮設のファニチャーを地元の人と一緒につくって配置し、人々の振る舞いを観察したりもした。こうした社会実験の予算が、設計予算とは別で確保されていたのもポイントだ。実験の結果を踏まえて、公募対象公園施設の設計を柔軟に変更する想定だった。

計画は凍結になったが、この空間を生かして、地元プレイヤーらが主催する単発のイベントやマルシェなどが行われている。もともとフレームを手がかりに、使う人がカスタマイズできるような仮設的で工作的な空間をイメージしていた分、大きなギャップはないのかもしれない。こうした活動の先に、もしかしたら投資してくれる人が出てきたり、全然違う枠組みで再解釈されたりする可能性に期待している。

実現のポイント 不確実な時代に公共空間へ求められるアプローチ

岡崎のQURUWA戦略は今も着々と進められている。大きな開発計画は白紙になったが、この桜城橋の橋上広場および乙川は、東岡崎駅から中央緑道・籠田公園まで連続する大きな遊歩道的ランドスケープの中に位置づけられ、単なる通過動線ではなく目的地として、市民や民間事業者がさまざまなことを仕掛ける実験フィールドになっている。

これからの日本では、政治的、経済的に、すんなり完成に漕ぎ着けないものも増えていくだろう。先が見えない時代にどう公共空間を計画するのか。このプロジェクトには、いいことも悪いことも、その先の可能性まで含めて、残された課題がそのまま表出している。

当初は、フレームとなる特定公園施設を橋という土木インフラの延長のように捉えていたが、今となっては、長期間使われ続ける都市インフラに対して、そこで見たい風景をつくる実験的なアプローチとしてフレームを重ねたのかもしれないと思えてくる。時が熟せば、この橋の上に設けた謎の取っ掛かりを「使えるぞ」と発見してくれる人が現れるかもしれない。そんな種は随所に仕掛けられている。(馬場)

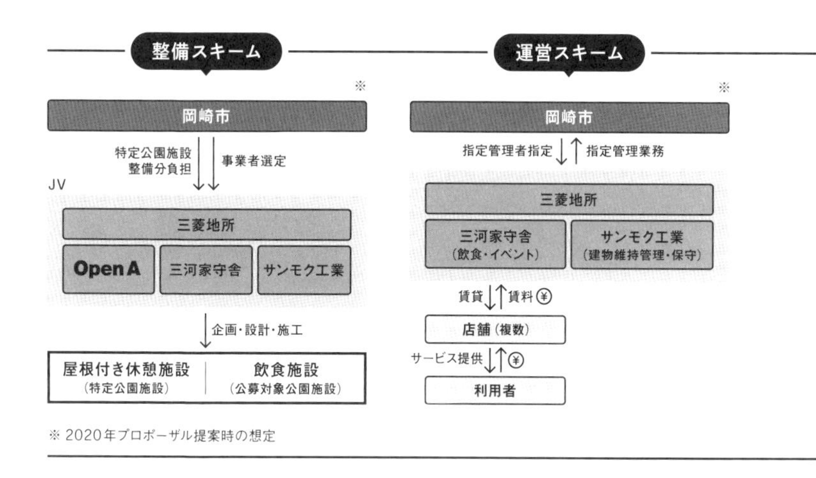

※ 2020年プロポーザル提案時の想定

COLUMN 2

公園を均質化させない、公共性と収益性の丁寧な重ね方

過度な商業主義により、再び公園が均質化？

ここ10年あまりで、公園をはじめとした公共空間のあり方は劇的に変化し、多様化してきている。大きな契機となったのは、「はじめに」でも言及している通り、2017年の都市公園法改正に伴う「Park-PFI（公募設置管理制度）」の導入だ。これまで公共事業への参入が難しかった、あるいは参入へ意識が向いていなかったような民間事業者が整備・運営に手を挙げる機会が増加し、カフェやレストラン、保育園、宿泊施設などを設置した公園が続々と誕生している。

行政にとっては、整備や運営に係る経済的な負担や管理者負担を減らすことができ、行政経営的な視点でも意義が大きい。また、行政だけでは実現が難しい魅力的なコンテンツづくりを民間が担うことにより、利用率の向上や関係人口の創出など、街の課題解決にもつなげることが可能になる。民間の発想で公園という器にさまざまな要素が重ねられることで、少し硬直した空気が漂っていた公園が明るく居心地の良いものに変わり、来訪者が増えて活気に満ちた場所に変化している。

工夫を凝らした魅力的な公園が全国各地に増える一方で、ナショナルチェーンの店舗を設置した公園や、郊外のショッピング

民間事業者の投資に委ねるあまり、画一的な公園を生み出していないだろうか？

モールがそのままコピー＆ペーストされたような施設が組み込まれた公園もいくつか現れてきた。この状況をどう捉えるかは人それぞれだが、私個人としては、寂しさと一抹の不安を抱いている。オープン当初は、一見華やかで目新しい公園ができたと湧き立つものの、じわりじわりとその地域がもともと持っていた魅力が失われ、地域内の産業や経済構造にまで影響が及び、風景が均質化してしまうことにもなりかねない。

この問題には、発注者の行政側の視点と、提案者の民間側の視点が双方に影響してくる。まずは行政側の視点から考えたい。

行政が持つべき、エリアのビジョンとクリエイティビティ

対象となる公園に対して、民間に自由に活用アイデアを提案してもらおう、といって行政側が完全な受け身でいると、条件設定が曖昧なまま発注を行うことになり、その結果、プロポーザル実施中や選定後の事業推進時にも双方の意向のすり合わせに莫大な時間を要してしまう。

リスクをとって事業を行う民間がクリエイティブな活用ができる

ように誘導するための条件やそれに伴うルールづくりにこそ、行政側の新たな発想や実行力、いわば行政としてのクリエイティビティが必要になる。

では、民間活用を進める際に、行政は何から考えるべきか。「敷地主義」から「エリア主義」への転換である。公園の「敷地内」に賑わいを生み出すという視点ではなく、公園の民間活用を通じて「周辺エリア」にどんな価値をもたらしたいのか、将来的に公園のある暮らしがどのように変化すると良いか、その未来像（＝ビジョン）を描くことが重要だ。それらを具現化するための方法として民間の提案を求めるというステップで思考を深めていくと、事業スキームやプロポーザルにおいて民間に提示する発注条件がおのずと整ってくる。

そしてビジョンを考える際には、周辺エリアが抱える都市経営課題、文化や歴史的背景、観光や産業・福祉・都市構造・交通といった多層的な課題を読み解いた上で整理することが望ましい。特に、公園活用を通じて地域の文化や産業をどう発展させていくのか、それらの視点を審査基準に落とし込むことで、志ある提案事業者を事業パートナーとして選定することが可能になる。

また、発注条件を考える際には、民間にとっても関わる意義やメリットを設定する必要があり、それをサウンディングや対話等のプロセスで丁寧に探っていくことが重要である。

これらの要素を統合するプロセスにこそ、行政としてのクリエイティビティが求められる。既存の枠組みや制度にとらわれることなく、ビジョンやメッセージを丁寧に編み込んだ公募要項は、多くの民間事業者の関心を集め、地域に寄り添った提案が出てくるようなポジティブな動きにつなげていけるだろう。

民間が考えるべき、公共性と収益性の重ね方

一方、提案側の民間事業者の立場から考えると、事業性をどこで担保するのかが最も重要だろう。しかし短期的な投資回収だけを考えるのではなく、長期的な視点に立ってエリアビジョンを解釈した上で、公園に必要な機能、事業スキーム、運営のあり方までを一貫して組み立てるような発想力と事業構築力が求められる。

地元の志ある企業が持つリソース、カルチャーをつくっている街のプレイヤー、地元の生産物や自然環境、といったそこにしかない地域資源を積極的に活かして公園活用を進めていくことで、結果として地域内経済循環や資源循環が進み、公園の存在が地域課題の解決やエリア価値の向上につながっていくというストーリーを描くことができる。

これからも全国各地で進んでいく公園の民間活用。行政・民間がそれぞれの立場でクリエイティビティを発揮して公園活用を進めることで、その地域にしかない魅力を引き上げるインフラとしての公園のあり方がますます多彩になっていくだろう。（飯石）

これからの公園活用に必要な3つのアプローチ

敷地主義からエリア主義へ	街の課題解決をする舞台としての公園	投資回収の時間軸を長く
敷地だけでなく、エリアへの波及を意識してビジョンを描く	その地域にしかない資源を活かし、守る場所として公園のあり方を考える	短期的な投資回収を目指さず、じっくりエリア価値を高める

04

見立てる

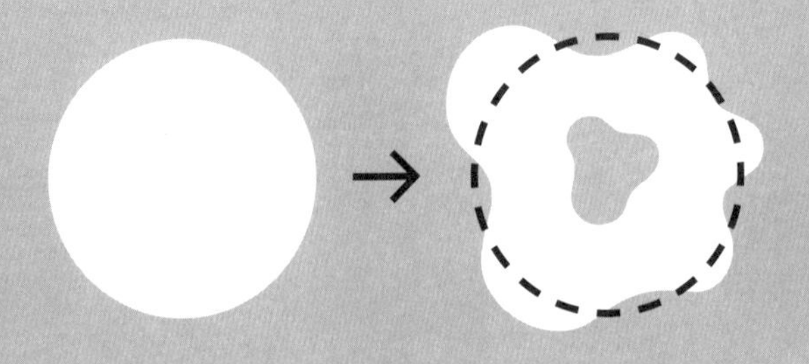

もはや都市のあらゆる空間が公園のように見えてくる。ビルのグラウンドレベルのロビーや、使われていない屋上。民間の所有空間だからこそ、オーナーの意向次第では公園と見立てることもたやすい。幅員のある歩道や、車の入ってこない路地は、細長い公園として見立てることもできる。かつて街の空き地は子どもたちにとって「公園」だった。ドラえもんたちは、そこで野球をしたりリサイタルをしたりしていたわけだ。もし、そこが法的に「公園」と定義されていたら、そうした行為はできなかったかもしれない。曖昧な空地だったからこそ可能な物語。用途を厳密化するあまり、私たちは見立てる自由を忘れてしまってはいないだろうか。

09 PARK and Community Center
公園 × コミュニティセンター

みんなの公園

空き地の公園化が市民の自由なふるまいを生む

所在地 佐賀県江北町	**竣工年** 2019年
設計 Open A・ランドスケープ・プラス共同体： 株式会社オープン・エー（担当／馬場正尊・市江龍之介・加藤優一・清水襟子）＋ 株式会社ランドスケープ・プラス	
運営 有限会社日生開発	

(きっかけ) 町長が発案した広大な駐車場跡地の活用

江北(こうほく)町は佐賀市の西隣に位置する、人口1万人ほどの小さな街。佐賀県のほぼ中央に位置し、東は福岡、西は長崎へとつながるバイパスが走る。乗り換えのターミナル駅として知られる江北駅もあり、旧街道や鉄道の結節点であることから「佐賀のおへそ」と呼ばれている。

かつて栄えた炭鉱産業は衰退したが、交通利便性の高さからベッドタウンとしての人気が高まり、平成に入って急激に宅地化が進んだ。周辺は人口減少が進むなか、若い世代も増えている。

そうした変化の一方、古い住民と新しい住民との間に壁があり、うまく融合できないという課題も生まれていた。「新旧の住民をつなぐような共通の何かをつくりたい」という熱い想いをもつ山田恭輔町長の目に止まったのが、イオン江北店の裏にあった5500㎡ほどの土地。元は

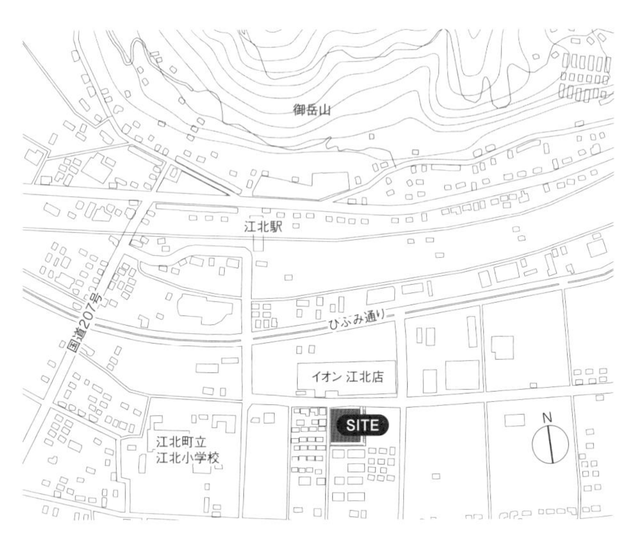

配置図　縮尺1/15000

上 / 店舗職員用の駐車場として使われていた建設前の敷地。奥にイオン江北店がある
下 / 交流施設から見る。芝生広場の先の築山と御岳山がつながるようなランドスケープデザイン

店舗職員用の駐車場だったところを町が買収し「公園のようなもの」にできないかと考えたのが始まりだ。

プロセス　つくる時からマネジメントの重要性を意識する

2017年にOpen Aが基本計画を受託し、江北町と共に理想の「公園のようなもの」を模索し始めた。当初から僕たちが強調していたのは、公園をつくるだけではダメだということ。できた後のマネジメントを担う人が何よりも重要で、それを行政が丸抱えしてしまうと生き生きとした空間にならない。空間のデザインも重要だが、マネジメントも非常に重要であるという共通認識を持つことからスタートした。そのため、設計のプロセスに住民や事業者が当事者として関与できる余白をつくること、巻き込んでいくことを大切にした。2018年に全町民を対象に向けた意見交換会や、子育て層や地元の事業者などを対象にしたワーク

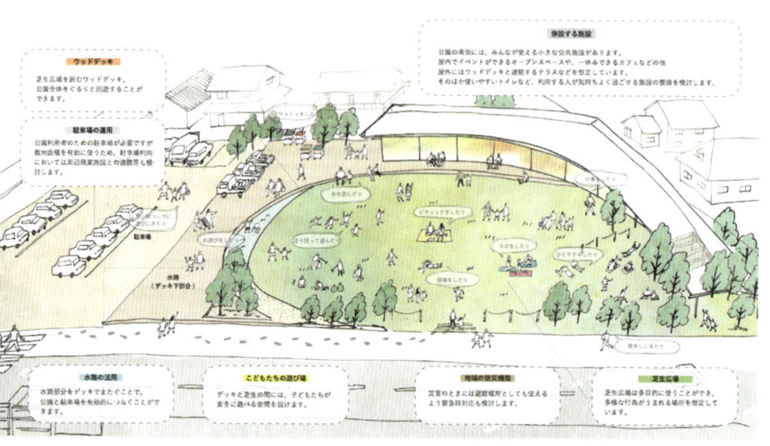

基本計画時のイメージ図。ワークショップにより、住民から「何ができるか」といったアクティビティベースでの意見を募り、芝生広場や付帯施設の整備を検討した

上 / 4.5mの盛土をした「おたけの丘」から芝生広場を見る
下2点 / イオン側から見る。公園には前面道路からトンネルを通ってアプローチする

ショップを開催。その中で住民に投げかけたのは、未来の公園に「何が欲しいか」ではなく、そこで「何をしたいか」という問い。実際に公園でどんな時間を過ごしたいかをイメージしてもらうことで、住民が単に要望を述べるだけの受動的な住民説明会ではなく、公園をつくるプロセスに能動的に参加してもらうことを意識した。これは、完成後の運営や活動を担う人材を発掘し、地域住民1人1人の当事者意識が芽生えるための非常に重要なプロセスとなった。

ワークショップから、多目的に使用可能な大きな屋外広場と、カフェやオープンスペースを併設した交流施設の整備が必要という意見が導

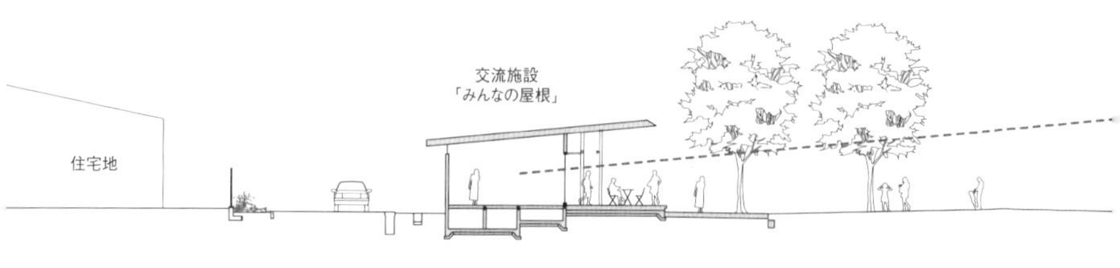

断面図　縮尺1/450

き出され、それを盛り込んだ基本計画をまとめた。その後、公募によりOpen Aとランドスケープ・プラスのチームが設計者として選定された。

みんなの公園の大きな特徴は、都市公園法による都市公園とはせず、建築基準法上は「交流拠点施設（交流棟）」と「建物の外構」として扱われていることだ。都市公園事業としての支援は得られないが、都市公園法で定められている建築用途や建ぺい率2％の上限（公園施設の用途によって緩和あり）などの空間整備における制約を受けずに済む。また、都市公園ではイベントなどで公園を使用する場合、「使用許可」や「占用許可」を管理者（自治体）へ提出する必要があるが、その手続きを踏まずに済むなど、フレキシブルな運営も可能になる。

（デザイン）公園を「閉じる」ことで原風景を象徴させる

新旧の住民をつなぐような町の拠り所にすることがテーマだったため、この公園が町全体の縮図のような場所となることをコンセプトとし、御岳山（おたけやま）に続くランドスケープと、大屋根の2つでシンプルに構成した。

ランドスケープとして大胆に意図したのは、オープンな公園にせずあえて「閉じる」という選択をしたこと。通常、公園はその特性上、アクセスや防犯を考慮しつつ、周辺環境に対して「ひらく」ことが一般的

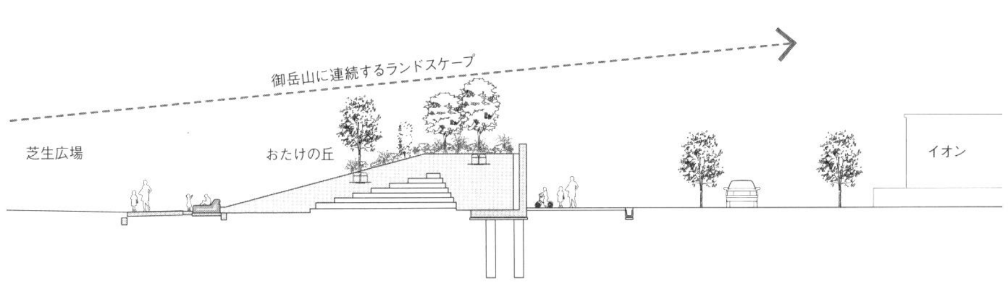

だ。だが、計画地の周辺にあるのはロードサイド型の大型商業施設や新興住宅地。そんな郊外特有の人工的な風景からあえて切り離し、公園の外周をコンクリートの擁壁と植栽で包み込み、箱庭のように囲われた空間にした。敷地の北側には小さな丘のような築山（おたけの丘）を設け、公園の中から築山を見上げたとき、背景に地域のシンボルである御岳山がつながって見えるような風景をつくりだした。

ランドスケープ・プラスの平賀達也さんから「公園を閉じる」ことを提案されたときには衝撃的で、非常に悩んだが、結果として、日常の見慣れた風景の延長ではなく、象徴的な風景に公園がフレーミングしてスポットを当てることで、町の原風景を呼び起こすような体験ができる場所となったと思う。

大屋根の平屋の交流施設「みんなの屋根」は、敷地中央の大きな芝生広場と連続するように建ち、公園のランドスケープと一体化することを意識した。木材の質感や温かな印象を与える在来木造に、CLTの大屋根をポンと載せ、軒下で過ごす住民たちの活動をおおらかに包み込むようなデザインとした。

屋根下の空間は、室内・室外共にウッドデッキで設え、窓を開ければ内と外がつながる大きな縁側のような空間だ。開放的な半屋外スペースには家具を持ち出してゆったりと過ごすことができる。

上 / 広々としたテラス。園路の曲線に沿うようにカーブを描く大屋根はCLTの一枚板
下 / 雁行した平面が交流施設とカフェを緩やかに分ける。奥にスタッフのカウンターがあり、さりげなく全体を見守れる

左 / 運営チーム発行の「みんなの公園通信」。公園への関心を高めるツール
右 / 屋台での無人野菜販売。SNS等でこまめに発信するうちに公園の人気コンテンツに

マネジメント　ソフト専門のマネジメントスタッフの活躍

公園の運営は指定管理者制度が採用された。通常、公園の指定管理はハード面の維持管理に留まることが一般的だが、ここではソフト面のマネジメントもセットにしたスキームになっている。それに対し、土木建設業を営む地元企業の日生開発が手を挙げ、公園の管理・運営を担っている。また、ハード面の施設管理とは別に、ソフト面のマネジメントに関わる専属スタッフが交流棟内の管理室に常駐している。

これが実現できるのは運営チームの体制構築がポイントだ。地域への貢献意欲と信用力がある大きな会社と、創造力がありフットワークの軽い小さな組織または個人がチームとなってコラボレーションする。造園土木系の会社がしっかりとハードの維持管理を行い、さらにそこにソフトの話を気軽に相談できる人材が加わることで、安定感とクリエイティビティが両立した柔軟な運営が実現するのだ。

このプロジェクトにおける重要なキーマンの1人が、元スタッフの村元奈津さんだ。2014年に江北町に移住し、2017年まで地域おこし協力隊として活動。フリーランスのウェブ・ディレクターとしても活動す

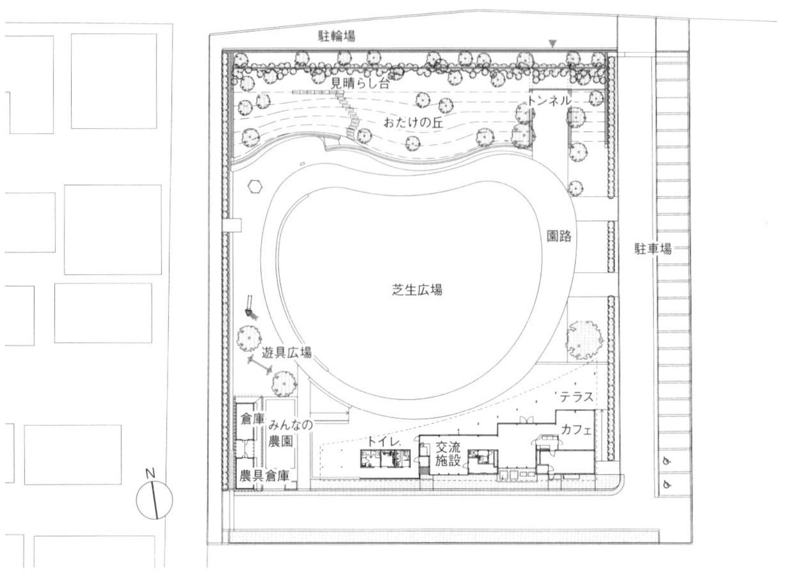

平面図　縮尺1/1200

る傍ら、そのスキルを生かしみんなの公園の運営ディレクターとして、イベントの企画運営や情報発信などを立ち上げてくれた。

今でもみんなの公園では、複数の運営ディレクターが各々で企画を出し、人を巻き込んでいる。フリーペーパーやSNSを使って情報発信したり、屋台での野菜の無人販売や、緩やかなマルシェやイベントが活発に行われている。その多くが、住民のやりたいという声から集まったそうだ。ディレクターが、人々の声を受け止める受け皿となり、できるだけ「やってみる」体制が実現している。

その後の展開　公園が住民の主体性を引き出した

オープン以降、みんなの公園には非常に多様な人々が訪れるようになった。町内に限らず周辺地域から、この公園を目的に訪れる人も増えた。SNSをきっかけに訪れインスタ映えする写真を撮っている若者や、近所の高齢者がベンチに腰掛け、保育園の子どもたちが芝生を駆け回る姿が共存している風景はなかなか面白い。こういう場所で何かにお金を使うわけでもなく、ただ遊んだり滞在した記憶は原風景として人の記憶に残り、もしかすると大人になってから街に戻ってくるきっかけになるかもしれない。そういう余白のある、施設としての緩さは、経済的利益も求められるPark-PFIではなかなかつくりきれない部分だ。

さらには、この公園ができたことにより、野菜を販売したいという人や、マルシェを企画してみたい、広報物の作成を手伝いたいといった、「何かをやりたい」という思いを持った住民が多く現れた。それは公園に常に相談できるスタッフがいることや、実現できる場があることが大きい。公園の利用者から、主体的・能動的な住民がどんどん生まれてくるような空気があふれている。こうして空間的には閉じていても、多くの人に「ひらかれた」公園になっていくのだろう。郊外型の地方都市において大きなインパクトを与える公共空間のモデルの1つだ。(馬場)

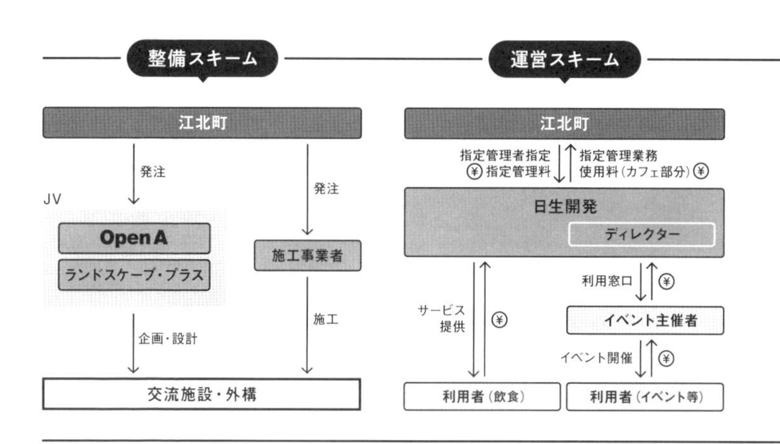

10 PARK and Alley 公園×路地

Slit Park YURAKUCHO

路地の公園化が
エリアの未来を予感させる

所在地 東京都千代田区	**竣工年** 2022年

設計 株式会社三菱地所設計＋
株式会社オープン・エー（担当／馬場正尊・大橋一隆・平岩祐季・福井亜啓・石川彩）＋
TAAO＋東邦レオ株式会社

運営 東邦レオ株式会社

(きっかけ) ビルの隙間の裏路地活用

ある日、三菱地所の有楽町エリアの担当者から相談を受けた。三菱地所の私有地で、新国際ビルと新日石ビルに挟まれたL字型の細い路地。通用口や駐輪場などバックヤードとしての意味合いが強く、ほとんど使われていないこの空間をうまく活用できないかというものだった。

三菱地所は大手町と丸の内での再開発に続き、有楽町の再構築プロジェクトを始動させている。有楽町の都市ビジョンと計画を考えるチームが立ち上がり、未来の有楽町を予感させる実験的な場所として、スタートアップや起業家だけでなく、既存の枠に捉われない「個」が活躍できる会員制コミュニティ「有楽町『SAAI』Wonder Working Community」(以下、SAAI) の立ち上げや、店舗入れ替え期間をアート活動の発信場として有効活用したアートプロジェクト「ソノ アイダ #有楽町」などが実践されていた。

そんな三菱地所のまち再構築の取り組みはパブリックスペースにも及ぶ。ビルの中だけでなく、屋外にも活動が滲み出すような場所がつ

配置図　縮尺1/4500
新国際ビルのエントランスホールの壁を壊して事務室を移転させ、仲通りと大名小路が貫通する

上 / 大名小路から見る改修前の路地。路地の幅は約6.6m
下 / 改修後の路地。路地を公園化することで、通りの賑わいを引き込む

半屋外空間のラウンジエリア。仲通りからも緑溢れる様子が見える

くれないかと、ビルの隙間にある路地がプロジェクトの対象地となったのだ。

（プロセス）都市の新しい動線をつくる

　現地を見に行くと、新国際ビルのエントランスホールの壁が構造的に撤去できることがわかった。L字の路地とビルの結節点にあたるそこを打ち抜けば、丸の内仲通りと大名小路が一直線につながり、新しい動線をつくることができる。この細い路地は私有地であり、道路法上の道路ではない。だからこそ通常はできないノイジーで自由度のあるチャレンジができるのではないか。この場所で実現できそうなことをソ

上左 / 廃材の木を束ねたテーブル。植物や自然素材を用いた家具を配置している
上右 / 丸太を加工して椅子にしたり、少し違和感のある家具を並べた
下左 / 駐輪スペースでは、既存アスファルトに大胆にグラフィックサインを施した
下右 / ラウンジと外部空間が一体的に使えるように、前には段々ベンチを設置した

フトとハードを合わせて組み立てていった。

自然と浮かんだイメージは、先行してOpen Aが設計したSAAIの延長線上にあるような空間だった。SAAIは、新有楽町ビルの竣工時から使われてきた会員制施設をリノベーションして生まれた場所で、前施設の空間要素を継承しながら、そこにアップサイクルの家具やベンチャー育成の場という未来の要素を融合させている。

このプロジェクトでも、未来を感じさせる何かが既存の都市に侵食している風景をつくりたいと思った。有楽町の典型的なグリッド建築の鉄やガラス、コンクリートなどの空間をぶち壊して、新しい動線をつくる。その中に植物やアップサイクル家具、仮設建築、公共空間のオペレーションなどを介入させる。秩序立ったグリッドシステムの隙間に、雑多な風景がスッと入ってくる、そんなイメージだ。

（デザイン）都市の隙間に緑が侵食する

通りの骨格が決まった後は、細かい操作を重ねていくことになる。仲通りと大名小路の舗装をそのまま中に引き込んで、空間的な連続性をつくった。外壁の清掃のために壁や床に何かを固定することができなかったので、つくり付けではなく、仮設建築やモバイル建築を配置していくプランとした。壁を抜いて路地とつながった新国際ビルのエントランスホールはラウンジエリアとして、屋根がある半屋外空間に仕上げた。タイル貼りのパキッとした近代的な空間に、土壁や植物など自然的な要素が侵食した状態になっている。

メインのオープンスペースにも有機的で自然を感じる要素を多く取り入れ、都市とのコントラストを与えている。家具は、道路的な要素と、公園としての植物的な要素を融合させたアップサイクル。夜には頭上に張られたガーランドライトも効いてくる。天井くらいの高さに何かが横断していると半ば内部空間のように感じられるという効果があり、場に一体感のある雰囲気を生んでいる。

昼間は散歩しつつ、ベンチに腰掛けたり、丸太のハイテーブルで立ち作業したり。ときに屋台がやってきて、ポップアップのお店が開かれる。夜にはイベントが開かれたり、ふらっと立ち寄って仲間と一杯飲んだり。そんな風景が生まれる場をつくっていった。

（マネジメント）植物とソフトが融合した運営

この場所の運営事業者は東邦レオに決まった。東邦レオといえば緑地空間づくりのプロフェッショナルだが、近年は植物のマネジメントだけでなく、内装やイベントなどソフトのマネジメントを含めた不動産ブランディングに取り組む会社に変化している。それはつまり植物とソフトのマネジメントを融合できるということ。そんな巡り合わせから、空間にさらに緑の比率が高まっていったというわけだ。

東邦レオとは次の都市の風景に対して持っているイメージが近い感覚があった。運営面でやりたいことを設計と統合しながら計画を進めていく。どんな組織が運営するかによって設計手法もアウトプットも変わっていくわけだが、その際、自分たちのデザインに固執せず、運営者に寄り添いながら一緒にデザインを考えることができるのは、場の運営もしている僕たちの強みなのかもしれない。

オープン後は積極的にイベントが行われている。雨が降ったときや日差しが強いときは、屋根のあるラウンジが逃げ場になり、イベント運営をするうえで大きな役割を果たしている。イベントの内容はトークショーや企業のパーティをはじめ、キッズアートプログラムやファッションショー、DJイベントなどジャンルは実に多様だ。余剰地の活用だからこそ実験的な運営ができるのだろう。

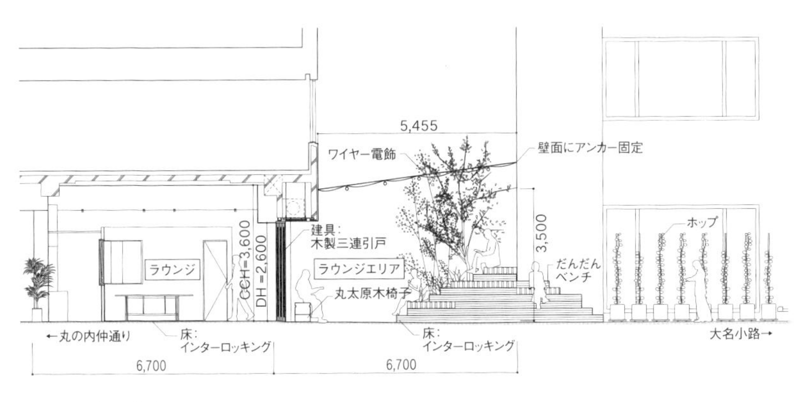

断面図　縮尺1/200

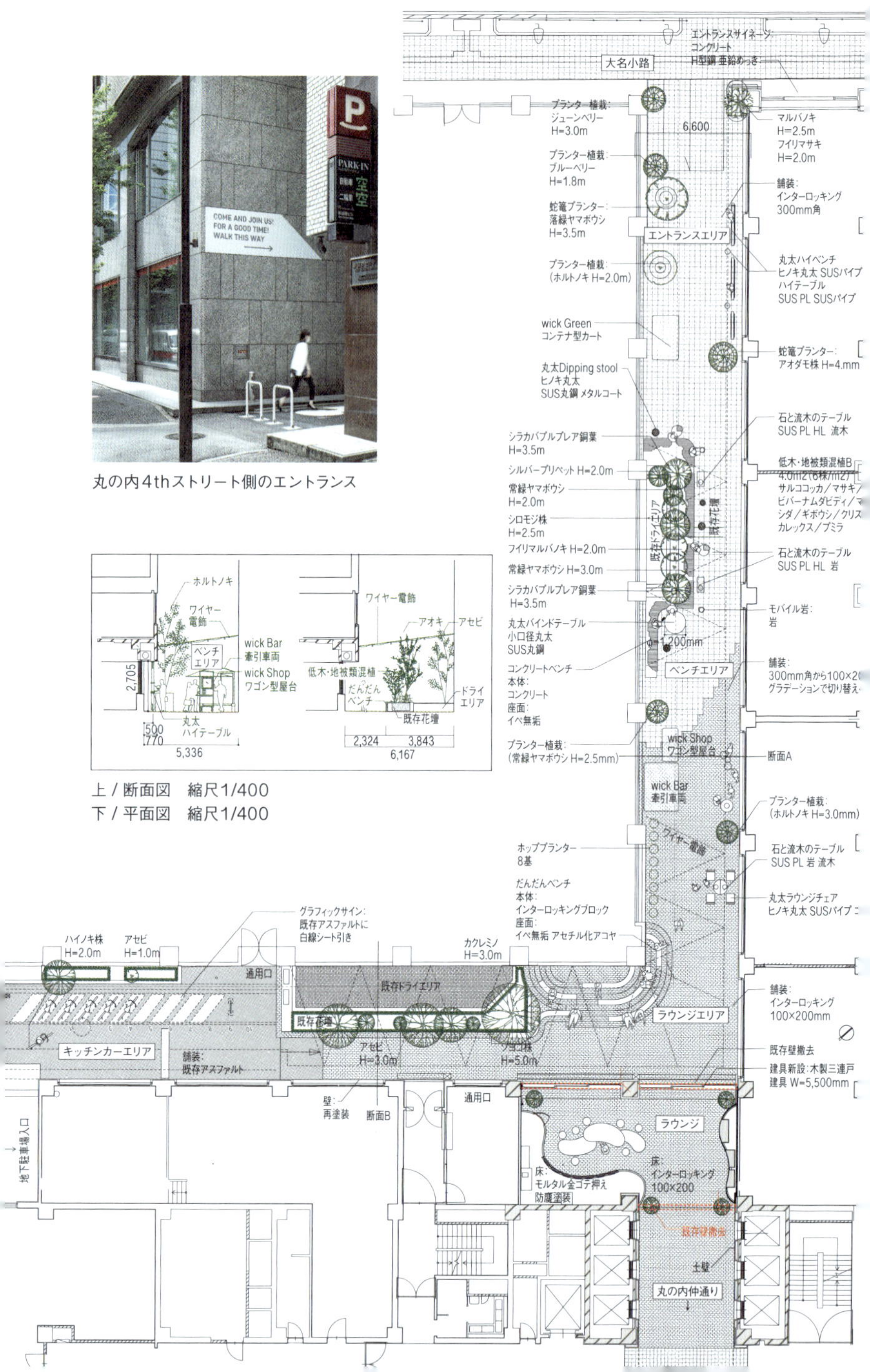

丸の内4thストリート側のエントランス

上／断面図　縮尺1/400
下／平面図　縮尺1/400

各所に植物と家具を配置し、電源やWi-Fiも備え、多様な居場所を生み出した

実現のポイント　民間企業のパブリックな役割がエリアの価値を高める

今後、三菱地所は有楽町の歴史的背景を受け継ぎながら、文化芸術・MICE（ビジネスの展示会や会議など）を核としたまちづくりを実現していきたいのだという。なんといっても「楽しい」が「有る」と書く有楽町だ。メディアやエンターテインメントなどソフト系の企業を誘致したいというビジョンにも大いに納得がいく。Slit Parkという都市の隙間を使ってソフト系企業の世界観や欲する場をブランディングし、スタディしていく。これは未来の大きな開発に向けた1つの戦略なのだろう。

たとえ民間企業でも、エリアに根を下ろして経済活動を続けていく宿命にある企業は、自ずと公共性を纏（まと）っていく。大丸有エリアの大地主である三菱地所はその最たる存在。パブリックスペースが豊かであれば土地の価値も上がるから、健全な気持ちで投資ができるはずだ。三菱地所を見ていると、優良な民間企業が公共的な役割を担うことで街に与える影響、そのインパクトの大きさを感じずにはいられない。こうしたスタンスは、地方都市のゼネコンや大企業の企業価値を上げるヒントになっていくだろう。

Slit Parkは私有地であり、道路交通法の規制を受けないからこそ、これだけ自由度を持った活動ができている。今後、道路交通法上の道路でも、路上空間を自由に活用できる制度ができれば、街の風景はもっと変わるだろう。実際2020年頃から、国土交通省の都市局と道路局が画期的に道路活用を進めていて、ウォーカブルなまちづくりのための社会実験や、道路を通行以外の目的で利用できる「歩行者利便増進道路（ほこみち）制度」などが導入されている。これまではすべての道路が等しく規制されていたが、今後は特区のような制度が導入されていく可能性もあるだろう。そこでポイントとなるのが、その道路部分を誰が運営し、誰が責任を負うのかということ。今回の場合は東邦レオが運営し、三菱地所が責任を負っているが、それに似た構造が道路空間にも適用されることはありうるはずだ。

この方法論も地方都市で運用することが可能かもしれない。現状、地方都市では街路樹がすべて行政の管理下にあり、落ち葉や害虫のクレームを受けて過度に剪定や伐採されている。たとえば一部の道路に特区を設定して、そのエリア内では民間企業や地域の人が連携して道路と一緒に街路樹や植栽もマネジメントしてみたらどうだろうか。そうすることでテナントが入りやすくなり、人の新しい流れが生まれてエリアの価値も上がる。そんな都市経営の手法も考えられる。(馬場)

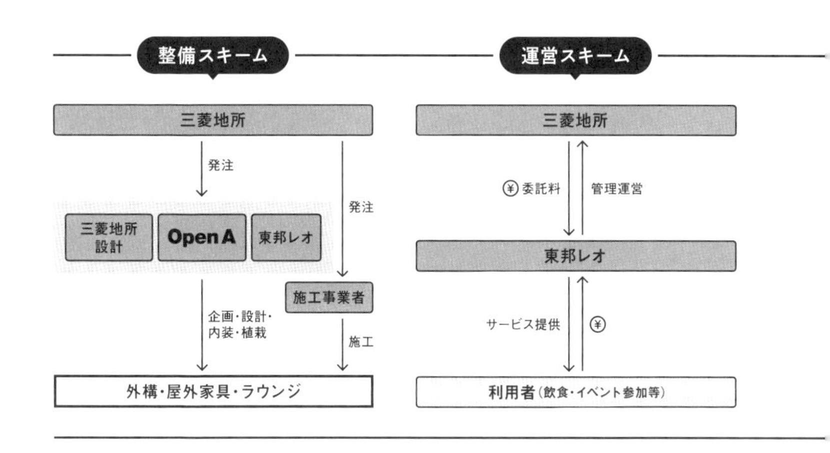

11 PARK and Road
公園×道路

守口さんぽ

社会実験が道路の公園化の道をひらく

所在地　大阪府守口市　｜**竣工年**　2021年〜

計画　株式会社オープン・エー（担当／大我さやか・和久正義・阪上智昭）

運営　守口市駅北側エリアリノベーション社会実験実行委員会（事務局／株式会社オープン・エー）

(きっかけ) 駅前のエリアリノベーション戦略

「守口さんぽ」とは、大阪府守口市の道路や公共空間などを活用した社会実験。守口市駅北側エリアリノベーション戦略事業の一環として、2021年から毎年開催している。

エリアリノベーションとは、低未利用の公共空間や空き家、空き地などを活用してチャレンジできる場をつくることで、街の魅力を積み上げてエリアの価値を向上させる手法のこと。2021年、京阪守口市駅北側にエリアリノベーションの方法論を導入するため、守口市都市・交通計画課からの依頼に応じ、参画することとなった。

背景には、子育て世代の人口流出、分譲マンション開発エリアでの将来的な人口密度低下の懸念、それに伴う地域コミュニティの希薄化などがある。守口市は全国でもいち早く保育料無償化に取り組んだことで若い子育て世代の流入は増加したものの、子どもの成長とともに再び子育て世代が市外に流出するケースもあり、定住促進、街のイ

配置図　縮尺1/10000
①豊秀松月線、②文禄堤の旧徳永家住宅、③桜町団地周辺エリアの3つを拠点に社会実験を実施

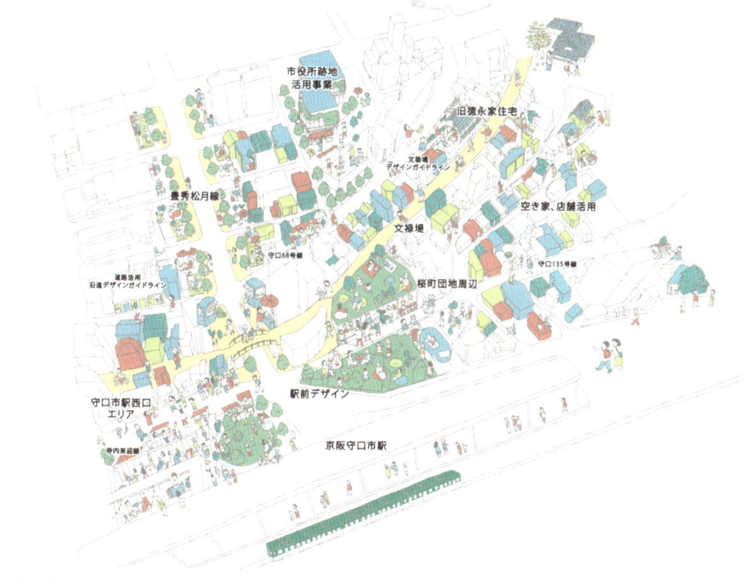

守口市駅北側の将来を思い描いたイメージパース

メージ転換が課題となっていた。

居住地としての魅力づくりや回遊性の向上、守口らしさと愛着が持てるエリアをつくっていくことを目的に、企業・事業者などを巻き込んだ公民連携によるプロジェクトが始まった。その将来イメージを可視化する手段として守口さんぽを実施している。

プロセス　3つの拠点をつないで循環動線をつくる

守口市のエリアリノベーションを進めるにあたって、3つの鍵となる場所があった。

まず、拡幅計画が進む「豊秀松月線」の道路予定地。歩道両側7m、全幅22mの都市計画道路整備事業が進行している。今後拡幅される歩道予定地を生かして、この地域の個店の魅力が滲み出すような魅力的な通りにするにはどうすればよいか検討が始まった。そこで、通り全体を公園のように見立てることにした。歩行者にとっては快適な空間になり、新しい出店者がチャレンジできるマルシェなどのきっかけにもなるだろう。このノウハウは、東京都豊島区池袋で実践している社会実験プログラム「IKEBUKURO LIVING LOOP」からヒントを得ている。

もう1つが、歴史ある堤防道の「文禄堤」。東海道の旧宿場町として歴史的な街並みが一部残り、堤の下には駅と国道をつなぐ主要な道路（豊秀松月線）が走るという立体的な地形が特徴的だ。豊秀松月線沿いには、おしゃれなカフェや花屋、渋い居酒屋など、つい立ち寄りたくなる地域の個店が並び、変化の兆しが見えていた。文禄堤には旧徳永家住宅という守口市が取得した伝統的家屋があり、地域コミュニティの核となる場として活用しようと民間事業者に貸し出す計画が始まった。

さらに、守口市駅前の老朽化して建替えが困難な「桜町団地」。低未利用の団地周辺の公有地や駐車場、道路空間を活用して、広場機能を導入したり、歩行者優先の回遊空間づくりの実験を行った。

この3つの場所が社会実験の拠点となり、エリアに変化をもたらすいくつかのアンカーを置いて、それぞれをバラバラの事業として進めるのではなく1つのビジョンに向かって一体で進めていく。それらをつなぎ合わせることで、都市の中に回遊動線をつくっていくことが目的だ。

地域への愛着やコミュニティを醸成していくために、守口らしいカルチャーを再発見して発信することも重要になる。エリア内に点在している魅力ある個店やスポットを集めて見せることで、守口らしい世界観を示し、それをみんなで体験することができる。

（デザイン）多様な人に当事者意識を持たせる仕掛け

社会実験の設えは、地元のアーティストや工務店の協力のもと進め

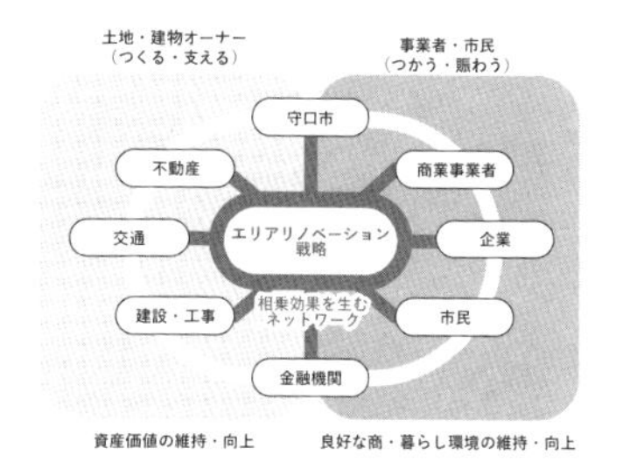

左 / 守口市駅北側エリアプラットフォームの構成図
右 / ペルソナである「もりぐちさん」の目線から守口のスポットを紹介する守口さんぽ公式ブック

た。ファニチャーは地域の廃校から出た机や椅子、地域の事業者から譲り受けたパレットなど、廃材をフルに活用してオリジナルのデザインを施している。この社会実験は、多くの人が関わることに意味がある。デザインはできるだけ寛容に、創意工夫しながら親しみが持てるトーンに仕上げた。一部のファニチャーは地元企業や事業者が集まったエリアプラットフォーム（上左図）のメンバーらでつくった。

「屋台の学校」という、出店者自らが「マイ屋台」をつくり出店するプログラムも行った。屋台はワークショップ形式でつくり、守口さんぽへの出店までをサポートすることで、固定店舗を持たない人、副業で店をやりたい人、大学生までが出店者となり、新たなレイヤーのプレイヤーが発掘された。多くの人が関われる余白をつくりながら実験会場をつくりあげることで、当事者意識も同時に醸成されていった。

マネジメント　エリアリノベーション戦略チームの組成

今までまちづくりに関わることが少なかったプレイヤーや地元とつながりが薄い企業と、意欲のある人や魅力的なコンテンツとの関係性をどうつくりだすか。そこで、エリアリノベーション事業の推進主体として

「守口市駅北側エリアプラットフォーム」というチームをつくった。ポイントはメンバー構成だ。不動産、交通、建設、金融系などの大企業や中小企業、地元の飲食店や美容室などの個店、そして行政と、組織の大小を問わず、エリアで活動する人を意図的に巻き込んでいった。このプラットフォームがなければ出会うことがなかった人同士が顔を合わせ、多様な目線を持ち寄って情報共有をしたり、守口の未来について話し合ったりする場。守口さんぽの運営は、このエリアプラットフォームのメンバーとOpen Aが中心となった「守口駅北側エリアリノベーション社会実験実行委員会」で行った。

豊秀松月線の歩道予定地では、占用・滞在区画を想定して露店やキッチンカーの出店、ファニチャーや駐輪場の設置など、滞在空間としての日常的なストリートの過ごし方を提案した。ペット連れ、ベビーカーを押す子育て世代、高齢者や車椅子の方など、道路だからこそ誰もがアクセスしやすく、多様な人々がフラットに訪れる。出店者にとっては道路活用による売上向上、認知度向上、幅広い新規客の獲得が見込まれ、まちづくりにおいては日常的に守口らしさが通りで表現されることにつながった。

旧徳永家住宅では、活用事業者を決める前に、空いているガレージを活用し、家具・植物・雑貨、ワインなど目的性の高いポップアップショップを開くことで集客効果を促し、賑わいづくりやテストマーケティングを実施した。どのようなコンテンツが地域のニーズに合うのか、2週間出店することでわかってくるし、日々の売上や課題も見えてくる。今後のテナントリーシングにも生かされるであろう。

桜町団地周辺エリアでは、団地の前面道路の一部と民間の駐車場を占用して周辺に不足している子育て世代が憩える広場をつくった。通りでは今後このエリアで事業にチャレンジできる環境をつくるためマーケットを開催し、ニーズや回遊性、集客効果を検証した。

豊秀松月線では、道路のハード整備にフィードバックしていくために、パブリックファニチャーや
植栽の配置など将来の風景を想定して空間をつくった

桜町団地周辺エリア。駐車場が子育て世代が安心して集う仮設の広場に様変わり

守口らしいカルチャーを形成していくうえで、広報戦略もかなり重要になる。エリアプラットフォームのメンバーで守口の未来の風景を思い浮かべながら、ターゲットを可視化するために、好奇心旺盛で歴史や自然、食が好きな女性「もりぐちさん」というペルソナを主役としたメインビジュアルを作成した。フライヤーや街頭広告、SNSで展開したり、守口さんぽの公式ブックを販売したり、行政から市民向けにエリアリノベーション戦略のビジョンや目的を発信する媒体も作成している。守口を愛して楽しむ姿を定着させるために、キャラクターのビジュアルを使って、わかりやすくターゲットイメージを発信した。

結果的に社会実験には地元住民、周辺で働く人、子育て世代が絶えず訪れ、滞在時間も長かった。2022年の2回目は13日間と長期間開催することでリピーターも多く見られた。守口の未来のターゲットが求めるコンテンツが多く提供され、今後このエリアの変化に期待する市民の声が年々増加している。毎年楽しみにしている市民も多くなって、嬉しいことにエリア内にいくつか新規店舗が出店して、少しずつ守口のイメージが醸成されてきたようだ。

その後の展開 エリア全体を散歩する

2023年、3回目の社会実験は守口市駅西口エリアで夜の魅力を見出し、ナイトタイムエコノミーを生み出すための夜市を開催するなど、エリア内でさらに2つのアンカーを増やしながら試行錯誤を繰り返している。旧徳永家住宅は、今後ブルワリーや蔵サウナ、貸し農園などを備えた複合施設に生まれ変わる予定だ。社会実験を行うことで、少し離れた距離にある5カ所のアンカーや公共空間を市民に面的に意識化させ、かつその間の道路や駐車場などを公園化することでエリアリノベーションをより強く、わかりやすく浸透させている。

さんぽ（散歩）とは、A地点からB地点に行くという目的を持った行為ではなく、なんとなく歩いているという行為だ。複数の場所をつないだエリア全体を公園のように捉えて、人々が滞在したりぼんやり歩くという体験をしてもらう。守口さんぽは、そうした散歩の体験を含めて、街そのものをパークナイズしていく実践だと考えている。（馬場）

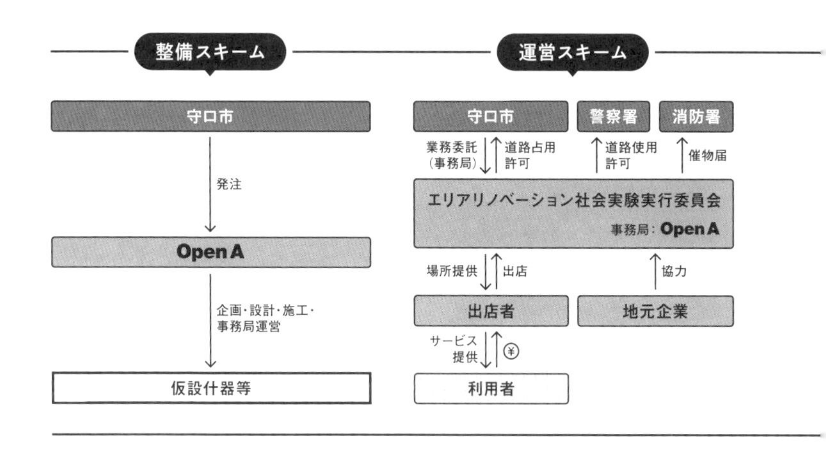

12 PARK and Department Store

公園×デパート

所在地	広島県福山市	竣工年	2022年
企画・設計	株式会社オープン・エー（担当／馬場正尊・平岩祐季・西川貴大・土屋柚貴・瀧下まり・竹内咲恵子・和久正義）＋VUILD株式会社		
運営	福山電業株式会社		

iti SETOUCHI

廃デパートの壁を抜き
屋根のある公園と見立てる

(きっかけ) 地方都市における廃デパートの活用

「iti SETOUCHI(イチ セトウチ)」の建物は、かつて中四国最大規模を誇るデパート「福山そごう」だった。1992年に建設された地下2階、地上9階建て、約6万㎡の売り場面積という巨大な建物。2000年に閉店した後に市が約26億円で建物を引き取ったものの、民間事業者が管理運営に入っては数年で撤退することを繰り返していた。解体するにも、再び使えるように設備を入れ替えるだけでも莫大な投資が必要となる。それだけの費用対効果が見込めないなか、市にとってこの巨大施設の今後は大きな課題となっていた。

福山市では建築・都市・地域再生プロデューサーの清水義次さんらが福山駅周辺の再生計画を進めていて、駅周辺を4つのエリアに分けそれぞれに戦略を立てていた。そのうちの1つ、三之丸エリアにおいては、この旧福山そごうの再生が本丸であり、その手段として1階部分のみを7年間暫定活用するという思い切った方針が定められた。ポテンシャルを見極めるための実験期間としてこの場所を運営し、その結果次第でこの建物の今後を判断することになったのだ。

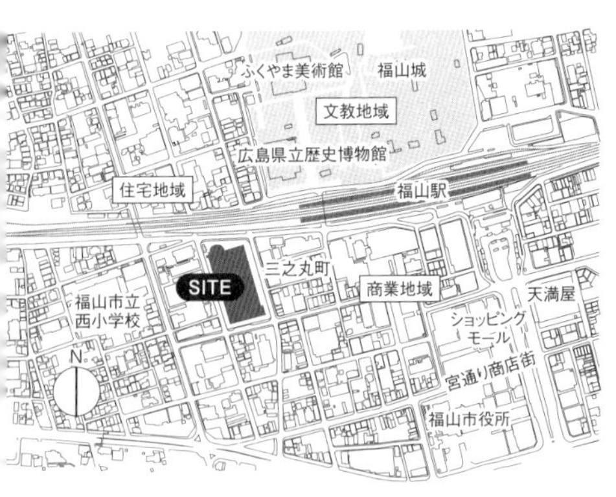

左 / 配置図　縮尺1/20000
右 / 1992年開業当時の福山そごう

上 / 改修中のイベントスペース。重厚な建物の外壁を大胆にぶち抜いて東西をつないだ
下 / 改修後の街にひらかれたイベントスペース

抜いた壁同士をつなぐように、建物の東西に道路(屋内公開空地)を貫通させた

2021年2月に施設の活用事業者公募が行われ、地元企業の福山電業が運営事業者に採択された。Open Aは福山電業から設計の相談を受け、デジタルテクノロジーを駆使する設計集団VUILDと地元のエリアマネジメント会社leukらと共に企画・設計に取り組むこととなった。

(プロセス) デパートの1階を屋根のある公園と見立てる

前述の通り、このプロジェクトは大きな割り切りをすることで膠着状態を抜け出している。まずは7年間の暫定利用として、街と接するグラウンドレベルだけを再生し、上階や地階には一切手をつけない。法的には、上階は巨大な天井裏、地下は巨大な床下空間と解釈して、全館を利用する場合に必要な設備機器の更新コストを削減する。

そして、この場所を「屋根のある公園」と見立てて、1階の外壁をぶち抜き、室内を半屋外化する。全体の機械空調は入れずに、既存エスカレーターの吹抜けを使った重力換気の自然通風(ベンチレーション手法)と、テナント部分のスポット空調のみとすることで省エネと省コストを実現している。

そんななかでいくつかの課題があった。1つは屋外空間の扱い方。運営事業者にヒアリングしたところ、既存の公開空地にあたる屋外スペースにコンテナや仮設の屋根を設置したい意向があった。公開空地に常設物は設置できないため、どこかに新たな公開空地を補填しなければいけない。もともと、この建物があまりに巨大で都市の動線を遮っているという状況があった。それならば屋内に道路を引き込んで外とつなぎ、それを公開空地の扱いにするという法的な解決策をとった。

もう1つはスケジュール。行政の都合上2022年春のオープンが決められていたため、小さな実験を積み重ねるなかで、2022年4月、一部区画をプレオープン、続く9月に半分と、段階的に開業することとした。

デザイン ノイズを許容する空間

デパートは内側に世界観をつくるので、必然的に壁が多くなる。一方、この空間のテーマは「屋根のある公園」。まさにパークナイズとして、1階部分を公園のようなパブリックスペースとして扱いつつ、都市の動線としても活用するべくデザインを進めた。

外壁を打ち抜いて屋外化し、抜いた壁面の代わりを存在が曖昧なビニールカーテンにして、街行く人々が迷い込みやすくしている。中に入ると道路に見立てた公開空地が斜めに空間を貫き、その周囲には店舗のボックスが散りばめられて、集落に迷い込んだような空間構成とした。

残置されたエスカレーターや床や天井などの既存仕上げもオブジェやパターンとして楽しみながら、あらゆるノイズを許容している。「屋根のある公園」というコンセプトに沿って、素材も工業の街、福山らしいラフなフェンスやパレットなどを使い、屋外感を演出している。

工事のプロセスでは「竣工」という概念を放棄して、運営者がテナントや利用者と共に空間をつくり続けていくという仕立てにした。VUILDの協力も得ながら、DIYスタジオでデジタルファブリケーションを使ったファニチャーや部材をつくり、運営しながら整えていく。DIYスタジオには常駐スタッフがいて、市民向けのワークショップも開催される。空間をつくりあげるプロセスに入居者や街の人々が自然に巻き込まれていくことで、この場所の風景も変わり続けていくという仕組みだ。

マネジメント 半分以上をパブリックスペースに

今回の事業スキームで大きなポイントになったのが、延床面積の半

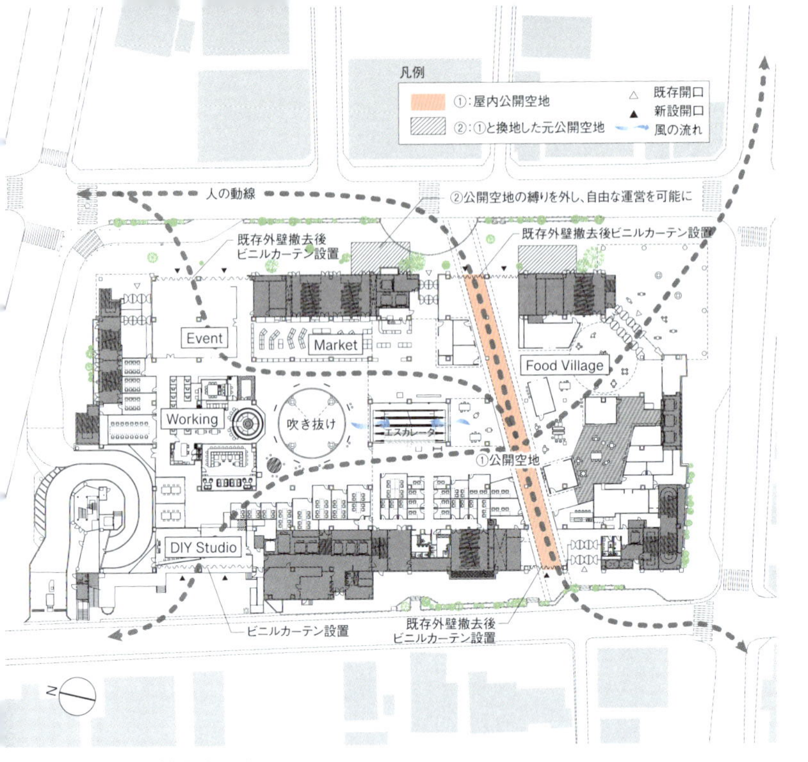

平面図　縮尺1/1500

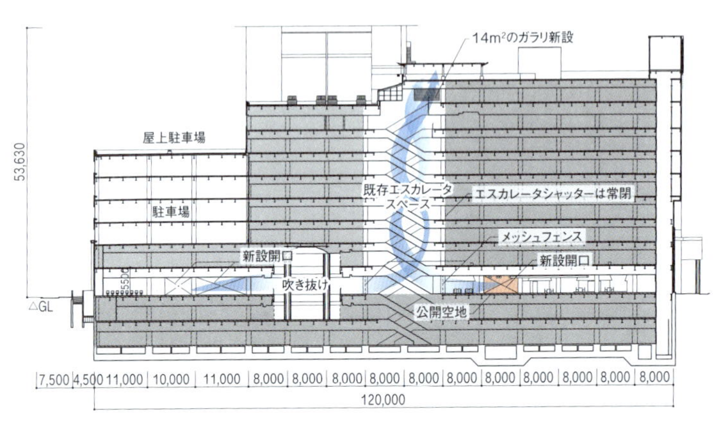

断面図　縮尺1/1500

上 / 中央を東西に抜ける屋内公開空地。道路のように見立てたデザインにした
中左 / 店舗のレンダブル比が約50%という余白ある空間に、飲食店舗が入る小屋が並ぶ
中右 / フェンスで囲ったイベントスペース。外部空間で使われる素材を積極的に使用した
下左 / 既存の公開空地にあたる屋外スペースには、イベント時に仮設のコンテナや屋台が設置される
下右 / 木材加工用CNCルーターShopBotを備えたDIYスタジオでつくられたファニチャー

分以上をパブリックスペースとして確保したことだ。パブリックスペースの確保とその管理を公募の条件にして、公園のように市民が目的がなくてもふらりと訪れることができる場所となるよう、市側でスキームを組み立てた。残りのスペースは福山電業がサブリースして、オフィスやショップなどに仕立てて賃貸する。福山市としても、市の施設をパブリックにひらくための論理が構築できる。福山電業、福山市、市民の3者にとってメリットのある仕組みだ。

リノベーションにまつわる投資は事業者負担になるが、外壁解体工事などの建物本体の工事は約2億円を上限として市が負担している。また、施設周辺の3つの市営駐車場をセットで貸し付けていることで、運営事業者が集客できれば駐車台数が多くなり、潤うというインセンティブが付いている。同時に、市にとっても街の賑わいにつながって行政目的も達成できるというwin-win構造になっている。

施設内には、グローサリーストアや飲食店など日常が豊かになるテナントが入居している。DIYスタジオやシェアキッチンなどの機能は、「こんなものがほしい」「こんなことがしたい」という市民のアイデアを自らかたちにすることができる場所だ。「消費する」だけではなく「創造する」機能を備えることで、市民の活動が施設内や街に飛び出してエリアを変えていく原動力になる可能性も秘めている。

福山電業の島田宗輔さんは当時30代の若い社長で、地元のクリエイティブな仲間たちと一緒に、彼らのネットワークを借りながらリーシングや企画を進めていった。地元愛がなければ、これだけ巨大な建物の運営には到底コミットできない。信用力と資本力のある地元企業と地域のカルチャーを担う小さなクリエイティブ企業の掛け合わせで運営母体をつくる。これと同じ構図はどこの地方都市にも存在しうるだろう。そこにローカルにおけるチームアップの可能性を感じている。

(その後の展開) 工作的に使いながらつくり続ける

福山駅前は複数タイプのエリア再生が複合的に進んでいる。古い建物をリノベーションしていくエリアリノベーション型の再生、ホテルやマンションなどをつくる一般的な再開発、中央公園でのPark-PFI型の取り組みなど、適材適所で手法を組み合わせながらエリア全体が変わっていく。

そのプロセスの一部を担ったのが、iti SETOUCHIのプロジェクトだった。いくつもの発想の転換によって、巨大な廃デパートが、公園なのか商店街なのか、定義の難しいセミパブリックスペースとなった。もちろんこれがベストな解答ではないかもしれない。ただ、膠着状態は人々の諦めを呼び、地方都市の硬直をさらに進めてしまう。街中に横たわる巨大な塊に風穴を開け、工作的に使いながらつくり続け、関わる人々を増やしてゆく。それはいつしか集合的な経験知となり、次の創造へとつながっていくと信じている。(馬場)

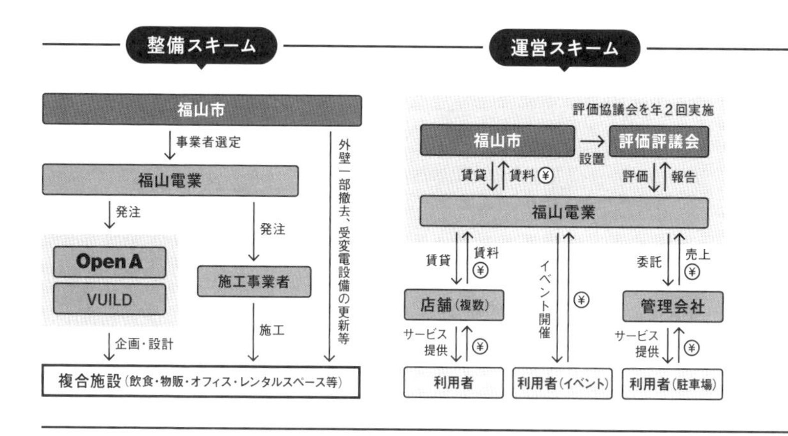

CHAPTER 2

PARKnize

公園化する都市

都市の中に公園が点在しているのではなく、公園の中に都市がある。言葉を入れ替えただけだが、頭に浮かぶ風景のイメージはドラスティックに変わる。ル・コルビュジエが「輝く都市」で近代都市のイメージを示してから、約100年。そこから人類は、大地を鉄とガラスとコンクリートで埋め尽くす欲求に駆られた。そしてできあがったのが、現在の都市の風景である。しかし、その弊害のようなものが顕在化している。ヒートアイランド現象で都市気温は短期間に急上昇している。コロナウイルスの流行にも急速な都市化が影響しているのではないかと疑われている。今、人間は本能的に都市を再び緑に戻す方向へと向かっているのではないだろうか。

「都市は公園化したがっている」という仮説のもと、公園化する都市の風景の事例や、それを加速するためのアイデアを列挙する。PARKnizeのための集合知である。

S

軒先スケールのパークナイズ

庭先や軒先を、少しだけパブリックに解放し、私有地と公共空間の境界線を空間的にまたは時間的に曖昧にしてみる。そこに緑や人の活動が滲み出すことで都市の公園化が始まる。1つ1つの規模や行動は小さくても、その数が増え、点在し、連なれば、都市の風景を大きく変えるだろう。個人が都市に関わるきっかけとなるスケールの事例とアイデアを集めた。（馬場・小川）

CASE 01

使われていない畑が地域にひらかれた居場所に

おいしいパーク

竣工年 | 2022年　**場所** | 和歌山県新宮市
運営 | Youth Library えんがわ　**設計** | 多田正治アトリエ

キャッチーなベンチが発する「そこにいてもいい」というメッセージ

コロナ禍で居場所をなくした子どもたちのために、和歌山県新宮市の小さな畑を私設のパブリックスペースとしてひらいたプロジェクト。もともと２軒隣の古民家を私設図書館「Youth Library えんがわ」として運営していた並河哲次・未央さん夫妻がこの場所を始めた。「誰でも立ち寄っていいよ」というメッセージを発する大きな曲線のベンチは、人々の居場所にも子どもたちの遊具にもなる。収益を生めない場所ということもあり、地元工務店の協力のもと近畿大学の学生たちとDIYでコストを抑えながら施工したという。今では学校帰りの子どもたちが自由に本を読んだり、土をいじりながら地元の人に農業を教えてもらったりと、日常の延長のような空間として地域に根づいている。

廃材を
利用した遊具が
子どもたちの遊び場に

町工場のPARKnize

妄想
アイデア
01

町工場が地域のクリエイティブハブに

町工場が、もしも街や市民にひらかれたら。壊れた家具を直してもらえたり、工場で出る廃材を使った工作教室が開催されたりすることで、日常の延長で地元のものづくりに触れるきっかけが生まれそうだ。たとえば週末だけでも技術や空間をひらけば、街との距離がぐっと近づき、町工場が集積するエリアは地域のクリエイティブハブになっていくかもしれない。

CASE 02

水道工事会社が街にひらいた私設の公衆トイレ

インフラスタンド

竣工年 ｜ 2022年　**場所** ｜ 埼玉県所沢市
運営 ｜ KAWAYA-DESIGN　**設計** ｜ シン設計室

トイレの概念を超えた コミュニティの拠点へ

埼玉県所沢市の住宅地の一角に、目を引く公衆トイレがある。驚くことに、運営するのは地元の水道工事会社。KAWAYA-DESIGN代表の小澤大悟さんが、業界のイメージを明るく変えるためのショールームとして、公衆トイレを私有地の一角に建ててしまったのだ。街の人々は誰でもこのトイレを利用できるわけだが、それだけでは終わらない。年に数回、ここを会場としたマルシェが開催されたり、夜になるとアートがトイレの壁面に投影され、人々が一様にトイレを眺めるという不思議な光景が広がる。これまでの公衆トイレの概念を覆す、人が気軽に訪れ、集うコミュニティのインフラにもなっている場所だ。

妄想アイデア02

工事現場のPARKnize

仮囲いの一角を、表現の舞台に

都市の中に突然白い壁が立ちはだかり、騒音を発する工事現場。暫定的な迷惑施設とも感じられるが、日常的に騒音が出ることを逆手に取り、音出し可能な居場所として捉え直してみるとどうだろう。仮囲いを少し窪ませて、DJブースにしてもいいし、工事現場で出る廃材を使ったスケートボードリンクになってもいい。作業が終わる夜、クレーンでミラーボールを吊ればあっという間にライブ会場ができあがる。工事現場が同時に小さな表現の舞台として街に広がれば、工事期間そのものが楽しみになる。

工事現場の
廃材を使った
スケボーランプ

騒音を気にせず
音楽を奏でられる
まちなかDJブースに！

CASE 03

「推しの街路樹」は、個人が都市の風景にコミットする仕組み

New York City Tree Map

開始年 | 2015年
場所 | アメリカ・ニューヨーク
運営 | ニューヨーク市公園・レクリエーション局

街路樹をデータベース化し、自分ごとにするために

街路樹は都市に緑をもたらす大切な風景資産だが、住民から落ち葉などのクレームが寄せられることも多い。それならばいっそ、自分の家の前の街路樹を、行政が管理するものではなく、自分のものだと思ってみよう。その木を世話している間に、愛おしい存在に変わりはしないだろうか。ニューヨークでは、街路樹1本1本の情報をデータベース化し、ウェブで一般公開している。日々の様子を観察したり、コメントすることもできたりと、街路樹に個人がコミットできる仕組みだ。たとえば、「推しの街路樹」があって、彼（彼女）の成長を見守り続けるとしよう。するとそれは、抽象的な都市の植物から、一気に自分にとって身近な存在となる。

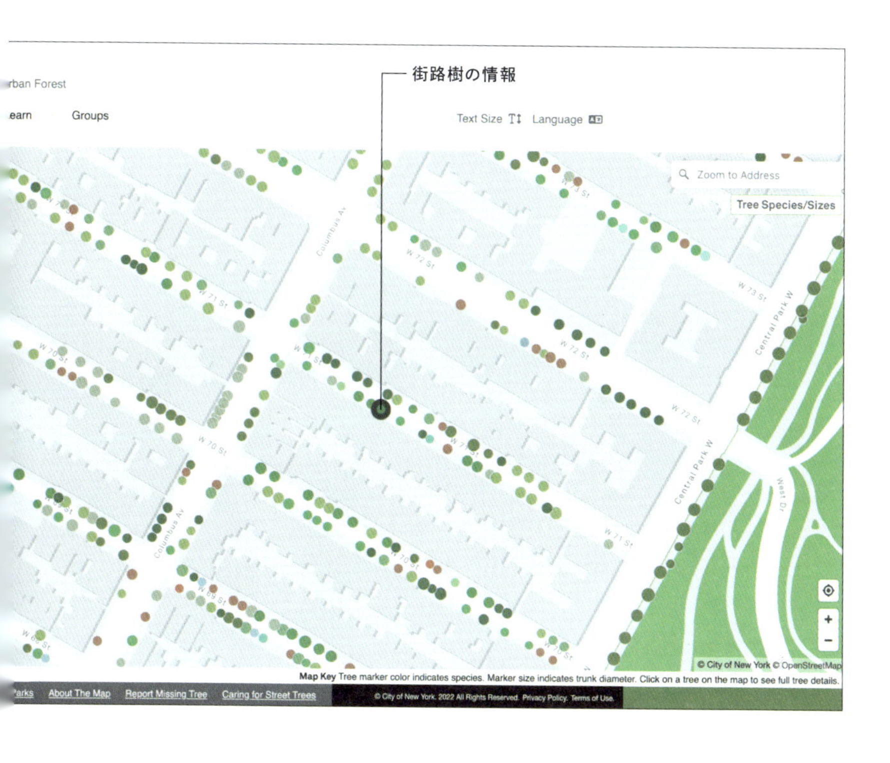

妄想アイデア 03

軒先・縁側のPARKnize

庭先60㎝を「特区化」してパブリックにシェア

木鉢や縁台が自分の敷地から道路に少しはみ出した風景。かつてはどこにでもあったこんな軒先が、今ではレアな風景になってしまった。それは、法律で私有地からの私物のはみ出しを規制されてしまったから。私たちはルールを厳格化し、それにより秩序は手にしたが、境界の曖昧さから生まれる寛容性を失ったのかもしれない。その風景を取り戻すべく、たとえば、「軒先・縁側特区」を設定し、自分の家の軒先や街路樹までまとめて手入れしてみる実験を、まちぐるみでやってみるのはどうだろう。公と私を曖昧にしてみることで、懐かしくも新しい風景は生み出されるだろうか。

店先に置かれた植物の
水やりのついでに、
街路樹もお手入れ

店舗の
滲み出しの連続が、
街並みをつくりだす

CASE 04

空き家を小さくひらいたら、街に起こった大きな変化

ただの遊び場ゴジョーメ

竣工年 ｜ 2017年　**場所** ｜ 秋田県五城目町
運営 ｜ ハバタク株式会社
設計 ｜ KUMIKI PROJECT

街の空き物件を、子どもたちが集まるタダ（無料）の遊び場へ

人口約7000人の秋田県五城目町にある「ただの遊び場ゴジョーメ」。この街に移住しハバタク株式会社を創業した丑田俊輔さんが主体となり、商店街の空き家を借りてみんなでリノベーションした。雪深い秋田において、大人も子どもも自由に過ごせる「屋根のある公園」みたいな場所だ。一見小さな空き家のリノベーションだが、この場所の誕生が街にもたらした変化は、予想を大きく超えるものだった。朝市が復活し、空き物件にカフェやレストランができ、商店街に人々が戻ってきたのだ。子どもたちの存在は街を元気にする。空きっぱなしになっている物件があるなら、公園のように街にひらいてみるのはどうだろう。

建築スケールの
パークナイズ

公園と隣接することで、もしくは公園と共にあることで、建築の魅力やエリアの価値が上がる。企業も行政もそれに気づき始めた。空間や時間を機能で満たそうとした近代を、どこか息苦しく感じるようになった現在、そこに余白を設け「公園」と呼んでみる。空間も時間も、公園化することによって、その場所の可能性を再認識できる。そんな建築スケールの事例とアイデアを集めた。（馬場・和久）

CASE 05

駐車場が人の居場所に。パーク&パーキング!

1111 Lincoln Road

竣工年 | 2010年　**場所** | アメリカ・マイアミ
運営 | UIA Management LLC
設計 | Herzog & de Meuron

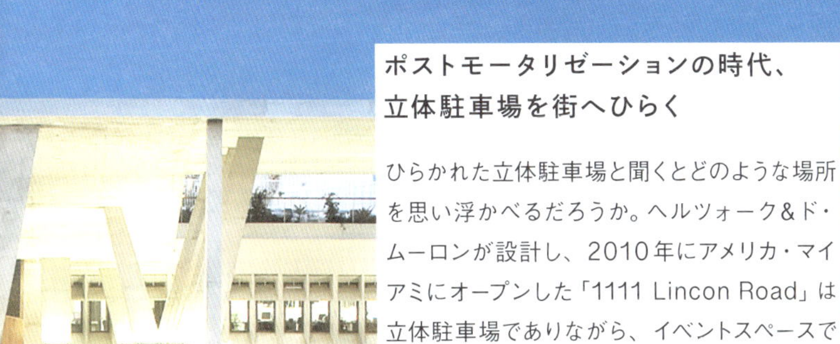

ポストモータリゼーションの時代、立体駐車場を街へひらく

ひらかれた立体駐車場と聞くとどのような場所を思い浮かべるだろうか。ヘルツォーク&ド・ムーロンが設計し、2010年にアメリカ・マイアミにオープンした「1111 Lincon Road」は立体駐車場でありながら、イベントスペースでもある。各フロアはイベントに利用されるほか、オフィスやショップ、レストラン、住宅まで併設している。外周はオープンで、街に対して閉じがちな立体駐車場を積極的に地域へとひらいているのだ。駐車場ならではの大空間とマイアミ・ビーチを一望できるロケーションを生かして、各フロアでは、結婚式、ファッションショー、企業イベントなど多様な催しが開催され、車スケールのダイナミックな場所に人々の生き生きとした活動が同居したインパクトのある風景が生まれている。

高い大屋根を生かした
ブランコ遊具は
子どもに大人気！

Pro Pit

キッチンカーや
サイクルモビリティが
集まる

ガソリンスタンドのPARKnize

妄想アイデア 04

郊外の風景を変えるロードサイドの拠点に

特に地方都市において、役目を終えたガソリンスタンドを見かけることが増えてきた。いっそここを車のための場所から人のための場所へと転換してみるとどうなるだろう。車のスケールに合わせた大屋根は、集う人たちを雨から守るとともに遊具の一部ともなり、自動販売機の並んでいた待合スペースは、公園を見守るカフェや遊具のレンタルショップに。キッチンカーの乗り入れも簡単だ。ロードサイドに生まれた人とモビリティのための居場所は、新しい目的地として注目されるかもしれない。

CASE 06

バンコクの商業施設は半屋外の立体的な公園

the COMMONS

竣工年 | 2016年　**場所** | タイ・バンコク
運営 | the COMMONS
設計 | Department of ARCHITECTURE Co.

高密度都市に風を通し、通りにつながる

急速な都市の発展により建物の密度が増加し、緑地や公共空間が減少するバンコク。2016年、郊外のトンロー地区に「みんなの裏庭」を目指した商業施設「the COMMONS」がオープンした。商業の要である売り場面積をわずか40%に抑え、その代わりに緑溢れる半屋外空間を表通りから2階まで立体的につないでいる。巨大なシーリングファンが夏場でも風を起こし、エアコンによってパッケージ化されがちな従来の屋内商業施設とは異なる公園的な快適さを生み出す。ウッドデッキの広い階段でゆるやかにフロア間を行き来ができ、段差やベンチ、小上がりなどの自由な居場所が点在する。人々が思い思いに過ごす様は、まさに商業施設のパークナイズだ。

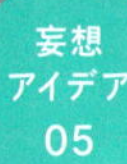

物流倉庫のPARKnize

ストック空間をひらいて、みんなの遊び場へ

多くの商品を保管しながら、時間帯や曜日、時期によって、その在庫が日々流動する物流倉庫。その隙間を利用して地域にひらいてみると、どんなことが起きるだろうか。天井が高くラフな空間は遊び場としても有効だ。今後ますます進むオートメーション化とともに、全自動管理モビリティにより、在庫状況に合わせて毎回姿の変わる遊び場に転換する、なんてことも可能になるかもしれない。

倉庫の
高い天井を生かして
ボルダリング?!
シャッターを開いて
オープンに!

CASE 07

オフィスビルをくり抜いて出現した都会のエアポケット

THE CAMPUS

竣工年 | 2021年　**場所** | 東京都港区
運営 | コクヨ株式会社
設計 | コクヨ株式会社

オフィスを街にひらくと、働き方も暮らしも豊かになる

品川駅からほど近く、整然としたオフィス街に突然現れるオープンな場所。ここは、コクヨが「みんなのワーク&ライフ開放区」をコンセプトに自社オフィスを改修して誕生したパブリックスペースだ。既存建築を一部減築して街にひらかれたグラウンドレベルは、カフェ兼オープンスペースとなっていて、ワーカーたちがくつろぐだけでなく、近隣の家族連れも訪れ、子どもたちが遊ぶ風景がある。自社の商品を体験してもらうだけでなく、企業が目指す世界観が自然と伝わるデザイン。また社員にとっては、社内と社外の中間のような、ちょっとオフ感のある仕事場に。使い方の自由度がある空間は、働き方や暮らし方にどのような変化を起こすだろうか。

妄想アイデア06

コンビニエンスストアのPARKnize

なんでもあってなんでもできる。24時間営業のエンタメ公園

地域に不可欠なインフラとなったロードサイドのコンビニ。だが最近は出店過剰で、地方では空き店舗も目立つ。テクノロジーの発達により無人化なども進むこの時代、物販店舗としての機能は残しつつ、24時間利用できる公園としての役割を合わせもつのはどうだろうか。駐車場と店舗の一部を緑豊かな半屋外空間として、テイクアウトした商品を食べられたり、ジム機能やエンタメ機能が合体してもいいかもしれない。各オーナーの個性が現れることで画一的なイメージを脱し、ふらっと立ち寄りたくなる魅力的な風景が生まれる可能性を、コンビニはまだまだ秘めている。

広い駐車場の一部が
街の遊び場に

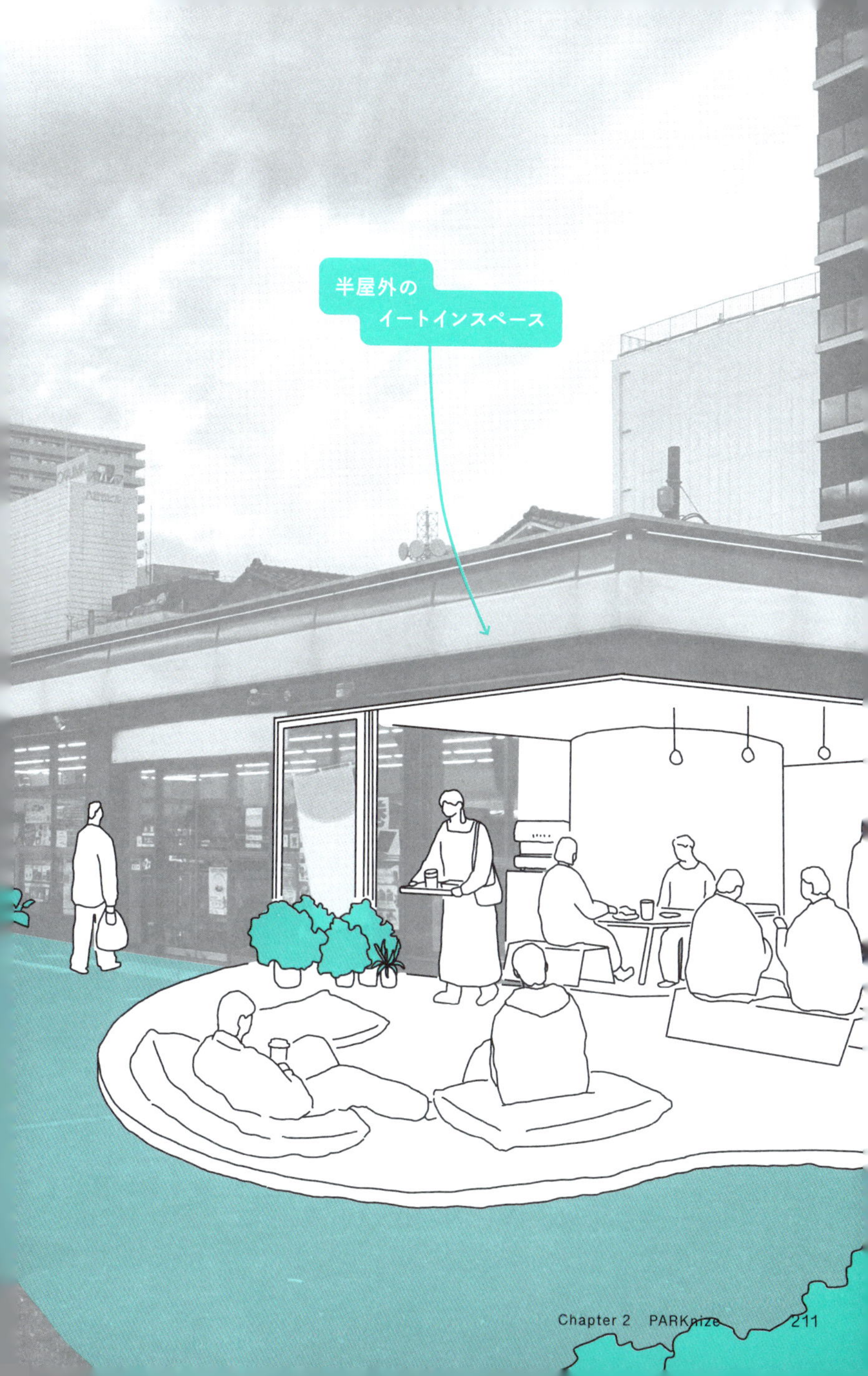
半屋外の
イートインスペース

CASE 08

地域の未来のために。陶磁器メーカーの私設公園

HIROPPA

竣工年 | 2021年　**場所** | 長崎県波佐見町
運営 | 有限会社マルヒロ　**設計** | DDAA

自由な遊び場が
地場産業を盛り上げる

長崎県波佐見(はさみ)町にあるHIROPPA。波佐見焼の陶磁器メーカー・マルヒロが「誰もが気軽に立ち寄れて、焼き物に触れられる場所をつくりたい」との想いから、町内の敷地を取得して誕生した私設の公園だ。私設ならではの自由な発想で、なだらかな起伏のある地形や登れるパーゴラなど遊びの仕掛けが散りばめられ、子どもたちが自由に駆け回る。一角にある直営店には波佐見焼の手仕事を体感できるプロダクトが並び、カフェでは常連客がコーヒーをたしなむ姿も。この場所が地域の日常に溶け込むことで、産業の活性化や後継者不足の解消につながっていくかもしれない。パブリックマインドを持つ地元企業によるパークナイズ。1つの公園の存在が地域の未来を育んでいく。

L

インフラ スケールの パークナイズ

社会共有財産であるインフラは、人工的かつ巨大で、人を寄せつけない雰囲気がある。それをヒューマンスケールで、人々に親しみやすい場へと変えようとする試みも始まっている。また、使われなくなった古いインフラを再び自然に戻さなければならないこともある。人間の技術力の象徴であるインフラを、自然と調和した風景へと変えてゆく、そんなインフラスケールの事例とアイデアを集めた。(馬場・和久)

CASE 09

構想から15年、タクシープールを大改造！

なんば広場

竣工年 ｜ 2023年（広場部分先行開業）　**場所** ｜ 大阪府大阪市
運営 ｜ なんば広場マネジメント法人設立準備委員会
（事業推進サポート：有限会社ハートビートプラン）
設計 ｜ E-DESIGN・中央復建コンサルタンツ・LEM空間工房設計共同企業体

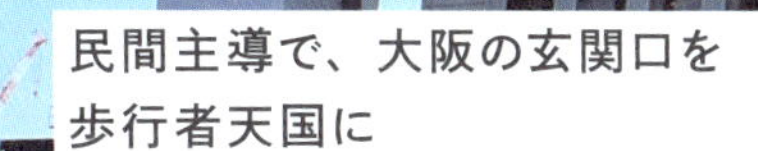

民間主導で、大阪の玄関口を歩行者天国に

平日、休日問わず多くの人が行き来する大阪の中心部、南海電鉄なんば駅前。かつてタクシープールだったこの場所に、約6000㎡の歩行者天国が誕生した。イベントもできる広大な広場的空間に、ちょっとひと休みをしたくなるベンチや樹木が点在する。繁華街にある駅前の公園化は一筋縄ではいかない。周辺の町会、商店街、企業等の民間発意により、構想から15年の年月をかけて人のための空間に再編した。荷捌きや交通のシミュレーションを含めた社会実験を繰り返しながら、鉄道会社や商業施設、周辺のオーナーやテナント、物流事業者、道路管理者や警察など多くの関係者と気が遠くなるほどの協議を重ねて生まれたなんば広場。ここが新しい大阪の玄関口となり、エリア全体の回遊性を高めていく。

団地のPARKnize

妄想アイデア 07

公園の中で暮らす。団地の可能性は豊かな屋外にあり！

団地のゆったりとした隣棟間隔と緑豊かな敷地は大きな魅力。もはや団地で暮らすということは、公園で暮らすようなものでは？とすら思える。この魅力的なオープンスペースをさらに生かすために、そこを事業空間、賃貸空間、実験空間と捉えれば、団地の見え方が変わってくる。住棟の1階部分をグラウンドレベルにひらいて住居以外の機能、たとえば小さな飲食、物販、仕事場が入れば、オープンスペースの使われ方の多様性は広がり、楽しくなりそうだ。用途地域など、クリアしなければならない制度はあるが、その先には、大きな可能性が広がっている。団地再生のネクストステップは、屋外にある。

住棟の1階部分が
オープンスペースにつながり、
屋外に活動が滲み出す

CASE 10

特区制度で大阪の水辺を切りひらく

タグボート大正

竣工年 ｜ 2020年　**場所** ｜ 大阪府大阪市
運営 ｜ 株式会社RETOWN　**設計** ｜ muura inc.

堤防を開放したフードホールが、
人と水辺の距離を近づける

運河と堤防に囲まれた大阪市大正区。一級河川の尻無川(しりなしがわ)沿いに食を中心とした複合施設「タグボート大正」が誕生した。河川敷地占用の特区制度を用いて堤防に建築を設けることで、まるで川に浮かぶような立体的な空間が生まれたのだ。水辺に大きくひらかれたフードホールには、川風にあたりながらくつろぐ人々の風景がある。堤防は暮らしと水辺を隔離する存在でありながら、水辺に最も近い場所。やり方次第で、水面のひらけたロケーションに人々の居場所をつくることができるのだ。

墓地のPARKnize

妄想
アイデア
08

日常的に通いたくなる明るいお墓

暗いイメージのある日本の墓地空間。近年、無縁墓地や放棄墓地が問題となる一方、樹木葬や自然葬などの新しい弔い方も生まれつつある。墓地のあり方が問われている今、たとえば墓地の余剰空間を活用し、人々が滞在できる場所を設えるのはどうだろう。お墓の横に芝生があり、お墓参りのついでに家族でピクニックを楽しむ。故人を近くに感じながら、自然や植物に囲まれ、都会の喧騒からも離れた公園のようなお墓は、時を超えて多世代が憩う新しい居場所になっていくかもしれない。

家族で休日に
気軽に来られる場所へ

CASE 11

ごみの山が遊べる山に大変身！

CopenHill

竣工年 | 2019年　**場所** | デンマーク・コペンハーゲン
運営 | Amager Resource Center　**設計** | BIG

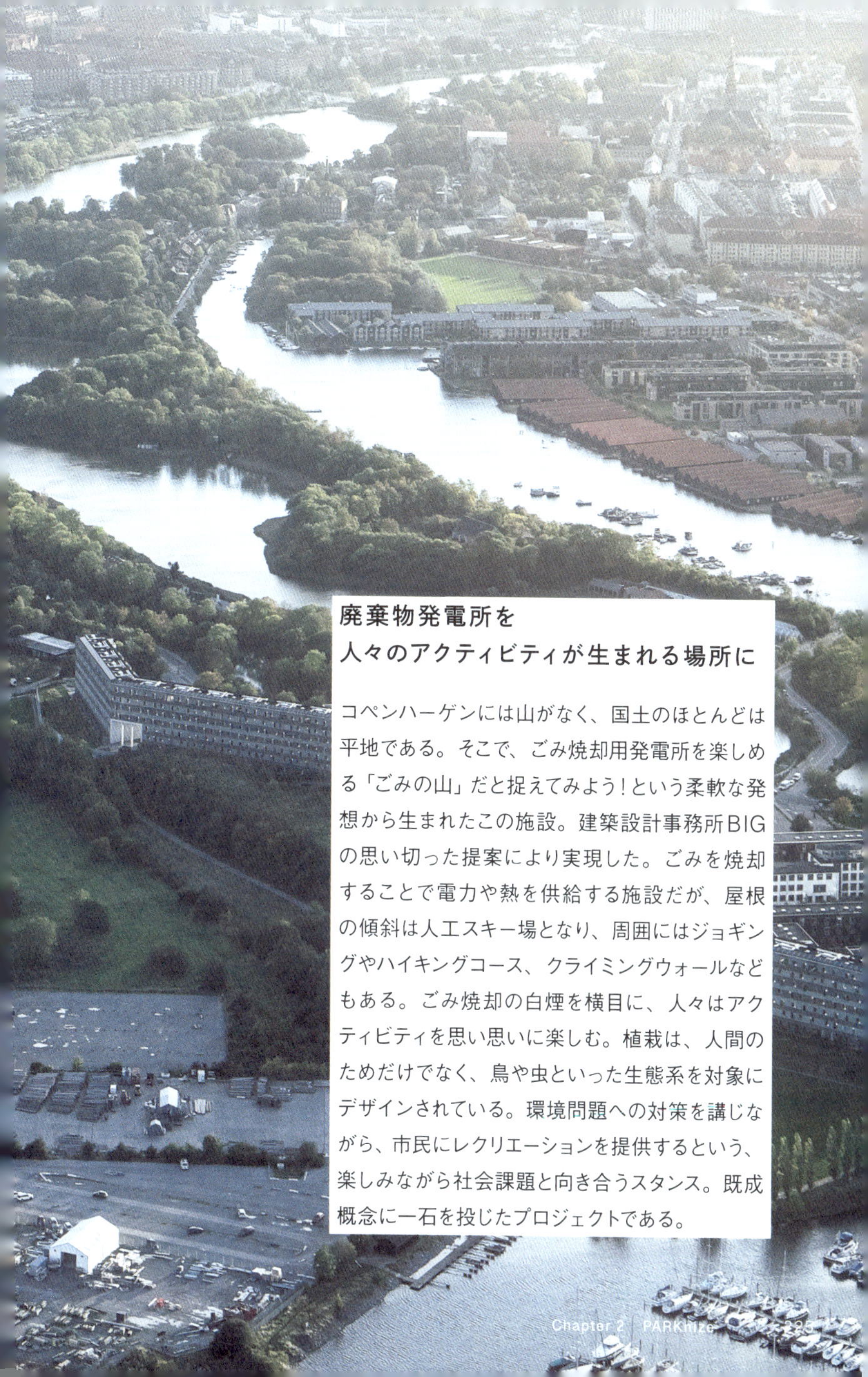

廃棄物発電所を
人々のアクティビティが生まれる場所に

コペンハーゲンには山がなく、国土のほとんどは平地である。そこで、ごみ焼却用発電所を楽しめる「ごみの山」だと捉えてみよう！という柔軟な発想から生まれたこの施設。建築設計事務所BIGの思い切った提案により実現した。ごみを焼却することで電力や熱を供給する施設だが、屋根の傾斜は人工スキー場となり、周囲にはジョギングやハイキングコース、クライミングウォールなどもある。ごみ焼却の白煙を横目に、人々はアクティビティを思い思いに楽しむ。植栽は、人間のためだけでなく、鳥や虫といった生態系を対象にデザインされている。環境問題への対策を講じながら、市民にレクリエーションを提供するという、楽しみながら社会課題と向き合うスタンス。既成概念に一石を投じたプロジェクトである。

発電した電気を
活用した装飾で、
イベントを盛り上げる

ソーラーパネルの下は
日陰の出店・滞在空間に

妄想アイデア09

メガソーラーのPARKnize

エコエネルギー＆フレッシュフード

環境に配慮した再生可能エネルギーである太陽光発電だが、一方で大量に並ぶソーラーパネルが景観を損なうことが問題視されている。そんなソーラーパネルを芝生の上のパーゴラと見立てることで、庇のある居場所として捉え直すことはできないだろうか。ソーラーパネルは電気が自由に使える全天候型の大屋根となり、地元の野菜が買えるマルシェスペースへと早変わり。クリーンな電気とおいしい食材でこれからのエコライフを楽しむ象徴的な場所へと変貌するかもしれない。

CASE 12

ソウルの駅前に浮かぶ 1kmの公園

SEOULLO 7017

竣工年 | 2017年　**場所** | 韓国・ソウル
運営 | ソウル市　**設計** | MVRDV

高架の車道が緑豊かな遊歩道へ

韓国・ソウル中心部を横断する古い高架道路を、287種、約10万株の植物が植えられた新しい遊歩道へとリノベーションした行政主導のプロジェクト。全長1㎞にわたる空間には、ところどころに遊具が設えられ、植物関連の体験施設や展望台、案内所、ステージ等もある。設計はオランダのMVRDV。駅周辺施設への回遊性を高めつつ、緑に囲まれて滞在できる歩行空間としてパークナイズ。夜間にはライトアップされ、ソウルの新しいナイトスポットとしても賑わう。

XL

都市スケールのパークナイズ

法律や税制など、ルールが変更されることによって、ドラスティックに風景が変わる可能性がある。たとえば、駐車場化を抑制し、緑化を促す制度。ミクストユースが進む都市において用途地域のあり方を見直す都市計画法の改正など。それは、次の都市の風景の美学を揺さぶるインパクトを持っている。鉄とガラスとコンクリートでコントロールされた「密」な都市から、緑と共存しながら穏やかに暮らす「疎」な都市へ。特に地方都市は、理想とする風景のイメージを転換してもよい時期にきている。新たな都市の風景をドラスティックにつくりだす事例とアイデアを集めた。（馬場・小川）

CASE 13

敷地境界を緑に置き換える

田園都市・レッチワース

開始年 ｜ 1903年頃　**場所** ｜ イギリス・レッチワース
運営 ｜ First Garden City Ltd.　**設計** ｜ Barry Parkerほか

田園都市のモデル、レッチワースはなぜ100年経っても美しいのか？

都市計画家のエベネザー・ハワードによって「田園都市」構想が描かれてから100年以上が経過している。その象徴的なモデル、イギリスのレッチワースは今でも緑豊かで美しい。ここは個人の敷地と街との境界に柵がなく、植え込みの緑のみが柔らかな境界をつくっている。建物には前庭があり、道路からセットバックした配置で、緑が主役のような存在感を放つ。「境界を植物にする」というシンプルなルールが、この風景を導いているのだ。日本でも地区計画などの設定により、このような風景を実現することができるのではないだろうか。

妄想
アイデア
10

地方駐車場のPARKnize

「衰退する都市」ではなく「公園化する都市」と呼んでみる

どこもかしこも駐車場。そんな地方都市の風景をよく目にする。地方における空き地活用がこのまま駐車場一択になっていくと、街の目的性がどんどん希薄になり、衰退の一途を辿ることになる。しかし、その風景をポジティブに「公園化する都市」と呼んでみたらどうだろう。アスファルトを剥がし、土に戻せば、隙間から草木が生える。土地の値段が下落した場所を安く買い取り、ちょっとした商いを始めてみる。そんなアクションが街のあちこちで行われたら。まるで公園の中で暮らしているような新しい風景を描けるのではないだろうか。

地価が下落した
隣地を買い取り、
一部を地域に
開放してみる

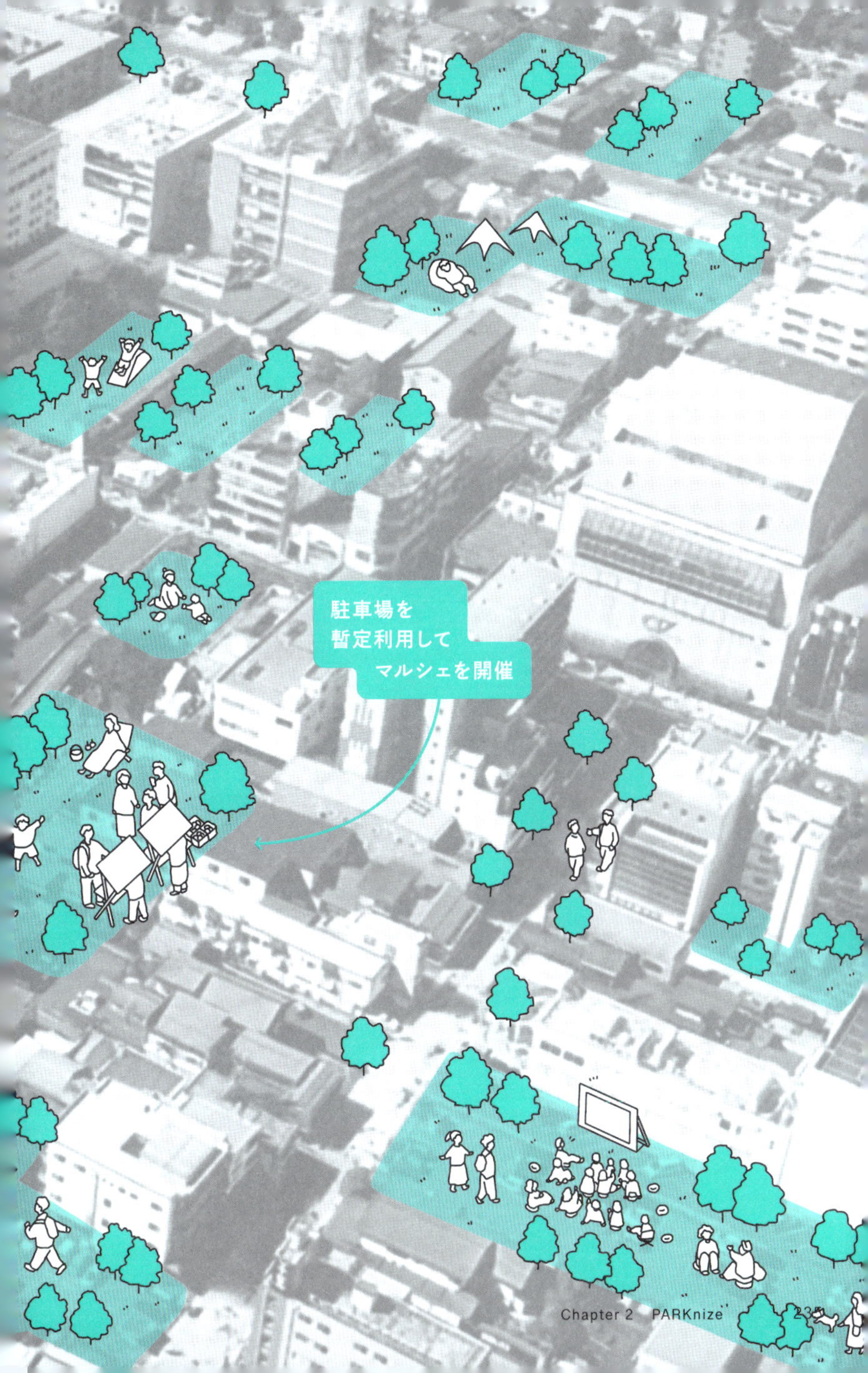
駐車場を
暫定利用して
マルシェを開催

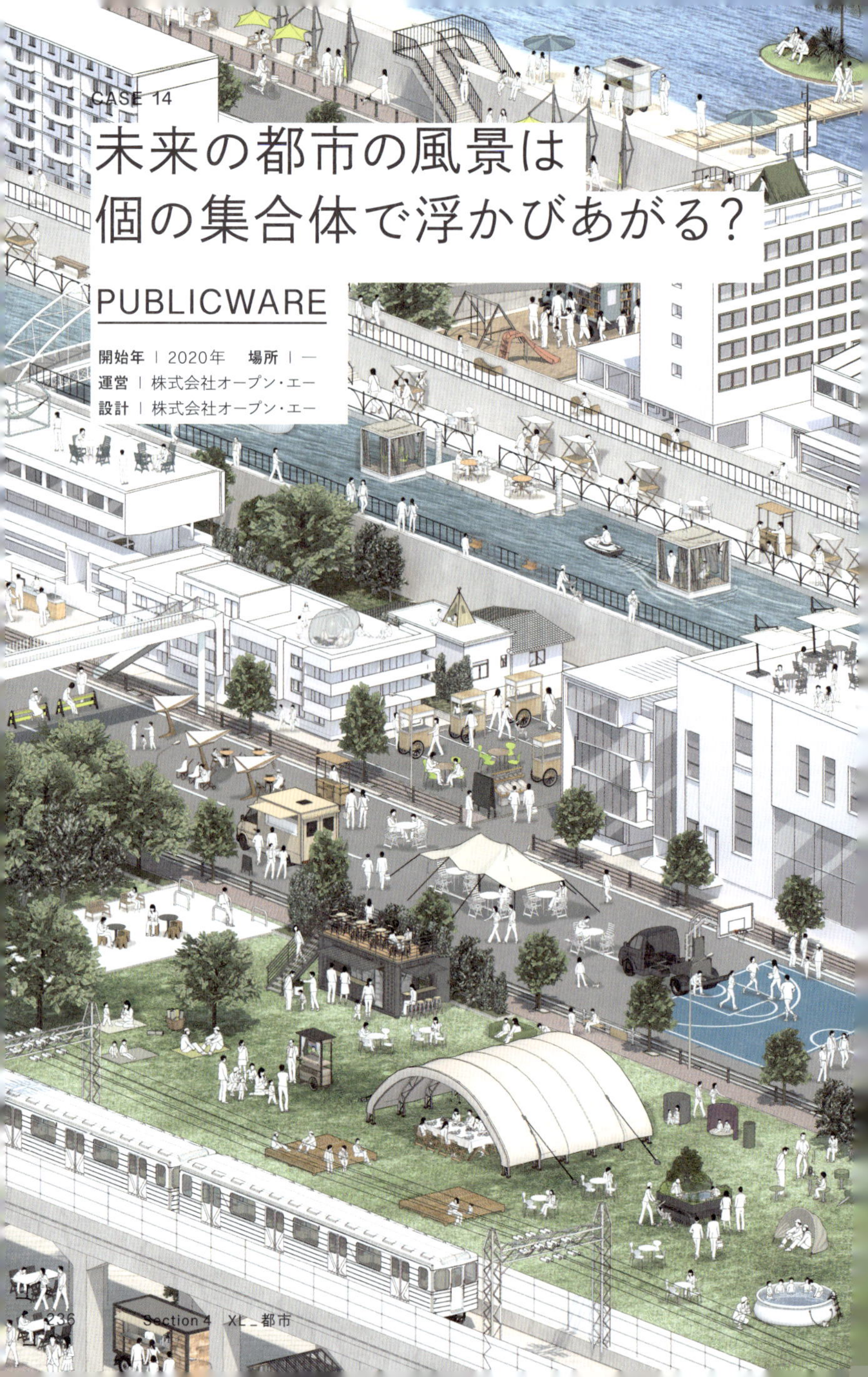

CASE 14

未来の都市の風景は個の集合体で浮かびあがる?

PUBLICWARE

開始年 | 2020年　**場所** | ―
運営 | 株式会社オープン・エー
設計 | 株式会社オープン・エー

都市の風景をつくるためのツール

公園や道路などのパブリックスペースを誰もが気軽に自由に使うことができたら、街はもっと豊かになる。PUBLICWARE（パブリックウェア）とは、そのきっかけを生み出すためのツールであり、プロジェクトである。たとえば、川沿いにハンモックチェアを置いてみる。その瞬間にそこは水辺の贅沢なくつろぎ空間になる。芝生広場に屋台を置くだけで、小さなマーケット空間が誕生する。大掛かりな整備をしなくても、仮設的に場をつくる手法はたくさんあるのだ。他社製品も含めたプロダクトやサービスなどを集約、データベース化して情報発信も行っている。誰もが使えるオープンソースとして広がっていくことで、1人1人の小さなアクションが生まれ、集積していく。このイメージ図のように、新しい都市の風景が生まれることを思い描いている。

CHAPTER 3

Interview

この先の都市を描く対話

都市の公園化はすでに始まっている。
3章ではその実践者にインタビューを行った。
東京・下北沢の新たな顔として話題を集める「BONUS TRACK（ボーナストラック）」の企画者の1人であり、現在、エリアの建物のマスターリースとマネジメントを担う小野裕之。
客観データに基づく都市政策で、街路を歩行者空間へと転換したスペイン・バルセロナの「スーパーブロック」政策に携わった吉村有司。
いずれも、近代の都市のつくり方とは異なる理論・手法によって風景が形成されている。その風景ができあがるまでの背景、プロセスからデザインやマネジメントに至るまで、当事者によって語られる物語は、未来の都市政策への具体的手法に溢れている。

Interview 01

メディアのように空間を編集する、下北沢BONUS TRACKのメカニズム

散歩社

小野裕之さん

2020年春、東京・下北沢に誕生したBONUS TRACK（ボーナストラック）。小田急電鉄の線路跡地再開発プロジェクト「下北線路街」の1エリアで、商業棟1棟と店舗兼用住宅4棟、それをつなぐ広場で構成され、まるで公園のなかに集落があるような新しいタイプの商店街だ。開発当初の駐車場案を覆し、まったく別の使い方へと導いた場所の運営の仕組みから、駐車場化する地方都市へのヒントが見えてきた。

interview 馬場正尊　text 中島彩

駐車場か、新たな価値創造か

――まず小野さんの経歴から教えてください。

最近は肩書きが謎になってきてるのですが（笑）、一番しっくりくるのは広義の編集者ですね。15年間ほど「greenz.jp（グリーンズ）」というウェブメディアで編集やクライアント企業へのソリューション提供などビジネス面を担当してきて、今はボーナストラックのように魅力的なテナントを集めて、リアルな空間をつくることもやっています。

この場所は第一種低層住居専用地域で商業のみの施設はつくれないこともあって、木造の商店兼住宅を中心に構成されています。容積率を使い切るような過密な設計ではなく、家賃も相場より3割くらい抑えられている、都心では奇跡のようなこの場所で、定期借家20年でマスターリースして運営をしています。

編集者の仕事からは少し外れますが、東京の小伝馬町で「ANDON（あんどん）」というおむすびスタンドもやっていて、いざとなったらテナント運営もできるので、編集や立ち上げだけに終わらないところが今の自分の特徴になっているのかなと思います。

――どんな流れでこのプロジェクトに関わることになったのですか？

属人的にはなりますが、この線路街のプロジェクトリーダーを務めていた小田急電鉄の橋本崇さんと2009年頃に東京R不動産がやっていた勉強会で同席したご縁があって。その後、トークイベントで橋本さんとご一緒する機会をいただき、メディアだけでなくおにぎり屋をやっていると話をしたところ、「ちょっと巻き込みたい案件があるんですけど」とお話をいただいたという流れです。

声がかかったとき、ここは線路の地下化が完了し更地になっていましたが、まだ住民訴訟が冷めやらぬ時期で開発が止まっている状態でした。線路跡地なので高層化もできず、不動産の収益性は高くない案件なので、「困難な割には儲からない開発」という感じで、積極的に推し進めるのに躊躇する状態のようでした。実はここ、一時期は駐車場にするという案もあったんですよ。

——え!?どうやって駐車場の案を覆したのですか?

橋本さんは周辺にある数百にも及ぶ不動産オーナーさんとほぼ全員知り合いで、約2年間をかけてすべて調整に回り、「橋本さんが言うなら」という状態になったそうです。

——放っておけば地方都市の中心地がどんどん駐車場になっていくように、収益性が上がらない土地は都心であっても駐車場にしようという発想になるんですよね。だけど、そうではない解答を求めたときに、ボーナストラックのような新しい何かが出てくるっていうのが面白いですね。

ここは東北沢と世田谷代田駅間の全長約1.7㎞の線路跡地を「下北線路街」として13の街区に分けていて、その1つがボーナストラックになります。13街区にそれぞれの機能が備わっていて、それぞれ別の事

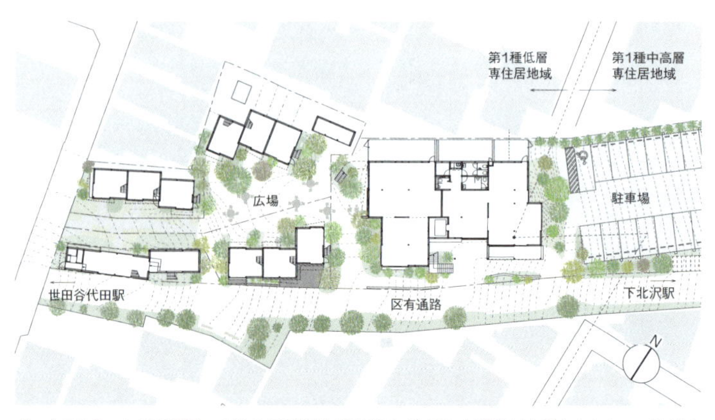

ボーナストラックの配置図。4棟の長屋型兼用住宅全10戸と商業棟が広場を内包しつつ路地をつくっている

上 / 遊歩道からボーナストラックへ路地に迷い込むような感覚で入っていく。近隣の人がふらりと立ち寄りたくなるような、日常的な落ち着きのある雰囲気
下 / シモキタのはら広場。約700㎡の敷地には緑が繁々と育ち、都市の駅前とは思えない開放的な空間が広がる

業者が運営しています。東京農業大学がマスターリースしている世田谷代田キャンパスや、世田谷代田に本社があるカルディのベーカリー&カフェスタンド、居住型教育施設のSHIMOKITA COLLEGEのほか、温泉旅館や保育園があったり、すべてがきちんと企画されているんです。
「シモキタのはら広場」というスペースも面白いですよ。下北沢駅南西口から徒歩3分の緑であふれた空間なのですが、暫定利用しているんです。駅前に附置義務の駐輪場がありますが、「そこまで駐輪場が大きくなくてもよいのではないか」と橋本さんから世田谷区に相談をしてつくった場所らしく、駐輪場が不足したらいつでも広げられるように余白になっているんです。あんな場所はなかなか駅前につくれませんよね。

――「保留」という状態にしたことは発明ですよね。保留というと中途半端な状態だと思われがちだけど、それを極めてポジティブに捉えている。保留という概念が社会に定着すると、もっと柔軟な都市計画がつくれるかもしれませんね。

街区ごとに管理する人が明確にいることもポイントだと思います。小田急電鉄さんは13の街区ごとにビジネスの主体者を立ててマスターリース契約をし、なおかつそれを小規模な事業者に依頼することで、安定した運営ができると考えているのだと思います。大企業ではM&Aが起きたり企業の方針ががらっと変わる可能性があり、経営判断によって運営方針を変えざるをえない。だけどスモールビジネスではそのようなことが起こる可能性は低いですからね。最初に賃貸借契約をつくっておけば、その期間は方針が変わらないことが確定するので。

――示唆的ですね。今までは大企業と契約する方が安心という常識があったけど、大企業はどんな経営判断をするかわからず、ある意味で安定性がない。それならば顔がしっかり見えている個人や小さな組織の方が安定感があるという。収益だけを追求する事業でない場合は、後者が「正」ということですね。

メディアのように空間を編集する

—— 話は戻りますが、どのような流れでこの場所のマスターリースや管理運営をしていくことになったのですか？

2017年の年末、グリーンズが過去に取材したスモールビジネスのオーナーを20組くらい集めて、小田急電鉄と小田急電鉄の子会社だったUDSとワークショップをしたんです。

ワークショップの時点から「新たなチャレンジや個人の商いを応援する」というコンセプトがありました。下北沢は駅前の坪単価が10年で3倍になってしまって、大手の立ち食いそば店さえ撤退する事態になっていて。「シモキタ」のカルチャーを残すために、新しい商店街をつくってお店のスタートアップが集積していく場所をつくろうという構想です。

この当時、僕はまだマスターリースという言葉すら知らなかったのですが、自然とやる流れになっていきました。僕は過去に7000件ほど取材してきた店や人たちとつながりがあって、誰がどんな店を出したいかというリストが常に頭にあったので。

—— 小野さんにとってリーシングは編集なんですよね。リーシングって事業性のあるテナントを呼んでくるものだけど、小野さんにとっては、雑誌やウェブに面白いコンテンツを配置するようにリアル空間にも事業者を配置して、後から事業性を考えているという感じですね。

シモキタカルチャーの重要スポットである本屋B&Bの内沼晋太郎さんにもお声がけして参画してもらえることになりました。内沼さんと共同創業者というかたちでマスターリースをする会社「散歩社」を立ち上げて、大きな2つの区画と小さな8つの区画のリーシングをすることになり、最初にB&Bの移転と僕のANDON2号店が入ることが決まりました。

「あなたにとってのボーナストラックは何ですか？」

―― コンセプトにもつながってくると思いますが、「BONUS TRACK（ボーナストラック）」という名前にはどんな意味が込められているのですか？

2つの意味を込めています。1つは、ここが元線路（TRACK）で、線路の地下化という珍しいタイミングと重なり、ボーナス（BONUS）的に突如として出現した場所であるという意味。もう1つは、レコードのボーナストラックのように、アルバム本編とはテイストが違う曲、実験的な曲、ライブ音源といったアーティスト本人が表現したいもう1つの側面という意味です。

テナントさんにはこのコンセプトに共感、賛同していただくことを条件としていますし、入居の際には「あなたにとってのボーナストラック的なお店（≒いつかやろうと思って温めてきた実験的なお店）」を前提にして出店内容を考えていただいています。ボーナストラックに、街中であまり見ない業態が多いのはそのためかもしれません。

テナントさんには短期的にはうまく稼げないかもしれないチャレンジをしてもらうことになるので、ボーナストラックは箱側として全力で応援するスタンスで臨み、同じゴールを一緒に目指す仲間のようになれたら

左 / 日記の専門店「日記屋 月日」。遊歩道側から気軽にコーヒーも買える
右 / 「発酵デパートメント」。ボーナストラックには、新しい事業を試したい人の店が集まっている

と考えています。ともすれば店舗も、今流行っているスタイルに収斂（しゅうれん）しがちです。街の多様性はお店がつくりだす部分が大きいと考えているし、多様なスタイルが生まれ続けることはとても大事なことだと思っています。

共用の広場と店舗の境界が曖昧な路地裏のような場所に、飲食店や書店、雑貨店など個性豊かな店が共存している

共益費はコミュニケーションツール

――散歩社ではマスターリースだけでなく、運営も手がけていますよね。公園の中に集落があるような不思議な風景が、どのようなメカニズムで成立しているのか、運営の部分も聞かせてください。

毎月１回、店長会というミーティングをしています。以前、ここの広場で出前のピザを頼んで食べている家族がいて、店長会でそれがありかなしかについて話し合ったことがありました。ここが商業施設の客席だと思えば、ピザを頼んだ分、テナントの売り上げが減るとも考えられます。だけどここを公園だと思えば問題ないわけで。そういった余白がある方が居心地がいいし、集客にもつながるし、僕は公園のような場所であってほしいと思っています。

開業以来、一度もゴミ箱を置いていないことも特徴かもしれません。ゴミ箱って管理が大変なんですよね。ゴミ箱を置かない代わりに「他店舗で出たゴミも預かりますよ」と各店舗で呼びかけてもらうことにしているんです。テナントさんが使い捨てじゃない食器を出すモチベーションにもつながっています。もちろん利便性も考えて試行錯誤ではありますが。

――領域の占有や所有の概念が普通とはだいぶ違うんですね。この広場はテナントにとって共有部という扱いになるのですか?

基本的に散歩社で管理・運営していて、テーブルや椅子も僕たちが置いています。開業から半年〜1年くらいはこのようなファニチャーは置かずに、リースラインはあくまで建物の中ですが自分の店の前ならはみ出てOKとしていたので、各店舗ごとに店先にテーブルや椅子を置いていました。だけど「(共益費が少し上がることも含めて)散歩社で管理してほしい」という声があり、今のスタイルになりました。

店長会とは別に、半年に1回オーナー会もやっていて、共益費の用途は全部オーナーのみなさんにお伝えして、新しい用途を考えるときもみなさんと話し合って金額を上げたり下げたりしています。たとえば「清掃費は共益費の中で面積按分しましょう」とか「トイレや広場の清掃の頻度はどれくらいが適切なのか、みなさんの負担感に合わせて決めます」など。共益費を通じてテナントさんとコミュニケーションをしている感じです。値上げや値下げも人によって意見が違いますし。紛糾することも含めて、共益費とはコミュニケーションツールだと話しています。

――会議以外にも、店舗同士のコラボレーションやコミュニケーションはありますか?

日常的に起きていますね。他店舗のスタッフ同士の仲がいいので、一緒に小さいイベントをやったりコラボメニューをつくったり、ボーナストラックの2店舗でバイトを掛け持ちするなど、人材が流通していたり。

他にもマネージャー研修を複数店舗共通でやることもあります。複数店舗になったときのマネージャー育成って難しいじゃないですか。外部から講師を呼ぶと高額なので小さなお店では難しいですが、たとえば5店舗が一緒になって呼べばかなり負担が軽くなりますからね。複数店舗で研修を受けると、マネジメントやインバウンド対応などの知識がつくだけじゃなくて、受講者同士で共通感覚が生まれるし、意識が高まって別店舗のマネージャー同士で相談し合ったりできるじゃないですか。商工会議所みたいな感じもありますね。スモールビジネスに必要なことを細々とサポートしている感じです。

見えるところは曖昧に、見えないところは明快に

――イベントもよくやっていて、どれもユニークな企画ばかりですね。

イベントは毎週末のようにやっていますね。散歩社ではイベント事業もやっていて、イベント開催の人件費は共益費からは捻出せず、施設プロモーションは僕らで自活しています。

だからスポンサー付きのイベントもやってマネタイズしないといけない。一般的な商業施設では、共益費に少し施設プロモーション費用をのせて、運営会社でクリスマスやバレンタインなど施設PRのためのイベントをやることが多いと思います。だけどそうした施設のPRイベントってあまり面白くなっていかない感じがして。

それよりは都度、ときにはスポンサーが付いたり、クラウドファンディングを活用するような企画物を実施した方が僕らもテナントさんにとってもwin-winだろうと。プロモーション費用をみなさんに負担してもらっていない分、きちんと僕らはイベントで稼がせてもらいます、と切り分けているんです。そのあたりもすべて「なぜ」を明確にしています。なのでテナントさんはイベントにもかなり協力的ですね。

――空間の区分は曖昧になっているけど、事業の収益や責任区分はすごく明快。つまり見えるものは曖昧だけど、見えないところはすごくはっきりしてる。この曖昧な空間がなぜ成り立っているのかというと、運営ルールやシステムがものすごく緻密に決められていることが秘訣なんですね。

イベントの内容でいうと、開業当初はコロナ禍だったのでコストがかけられず、すべて自分たちで企画から運営までやっていました。今となっ

広場を中心に、毎週のように開催されるイベント

てはそれがよかったと思います。トーンがそこで決まったから、その後に持ち込まれる企画もクオリティが高いものばかりで、持ち込んでくださる方も「ボーナストラックでやるからにはちゃんとやらなきゃ」と思ってくれているみたいです。企画が面白ければ、場所代は歩合制にするケースもあります。イベントを含めた場所の運営自体をメディア業だと思っているので。

日常的な運営やテナントのキュレーションで価値を上げて、時間単位のレンタルフィーも上げられる可能性を高めておこうと思っています。なんでも自由にやれて、自分たち色に染められるイベントスペースを望んでいる人たちは、そこを借りればいい。ただ場所が持つ力には乗れないですよね。でもここでは場所の力に乗っかることができるので、僕らのレギュレーションに則ってもらう方がお互いにとって良い結果になると思います。

―― この収益モデルの発想は完全にメディアのタイアップや記事広告そのものですからね。場所自体をメディアだと思うと、今の小野さんの発想がすごく自然に受け入れられる。不動産業からは組み立てにくい発想だと思います。いろいろ示唆的ですね。

地域に「投資する」という関わり方

―― ボーナストラックなどでの経験を経て今、小野さんが興味があること、仕掛けようとしていることはなんですか？

「民主主義の練習」ができる場所をつくっていきたいと思っています。これは僕の予想ですが、たとえば大手IT企業ではこれから週休3日を選ぶ人が増えてくると思っていて。ITの仕事って効率的に稼げるけど、一方でそれが良い社会をつくっているという直接的な手応えを感じている人は、必ずしも多くはないのではないかと思うんです。

そのために、大人が余剰時間を使って自分の職場以外で何かチャレンジできる場所があるといいなと思っています。「未来の仕事」と言ってもいいかもしれない。会社だけに全力集中していると地域のことまで目が行き届かないし、業界内だけでしか通用しなくなってしまうので、業界を渡り歩く人が増えるといいなと思っています。

思い描いているのは、地域の課題の解決や、地域の素材を使った事業など、生活の中で気づいたことを仕事に変えていってもらうこと。週に1日のコミットで月収10万円でも稼げれば、新しい仕事としても時間をかける価値を感じてもらえる可能性があるじゃないですか。週1日だけを使って小さいけれど社会性のある事業を効果的、効率的にやってみましょうと、そんな暮らし方や働き方を提案していきたいと思っています。

―― なるほど。面白いですね。

現状ではビジネスシーンで自分を高めているサラリーマンが、自分の余ったお金と能力を地域に投資できるような入口が少ないですよね。それに、まちづくりには、合理的にスマートに生きてる人たちが入れない非合理性がある気がします。

全部がゼロからのコミュニケーションから始まってしまうと、そこまで時間をかけられない人もたくさんいますから、「こういうコミットをしてもらえたら、こういうこと（必ずしも金銭的な報酬ではないこと）が得られます」といった説明を加える。これはいわば商品化、サービス化だと思うのですが、そうできる部分はしていいと思うんです。

そのくらいの距離感やスピード感の方が近づきやすい人もいる。都心に勤めているIT企業のサラリーマンが、既存の市民ベースのNPOの人たちと一緒に何かに取り組む、みたいな動きがもっとあってもいいですしね。ある種の「投資」として会社の所有権を持ちながら伴走してもらうみたいなイメージです。

――地域への関わり方のバリエーションをつくろうとしているんですね。ボランティア的な参加ではなく、個人が地域に投資して収益になるような、もっと資本主義的なアプローチですね。

散歩社は、旧池尻中学校跡地施設（旧IID世田谷ものづくり学校）の運営事業者に採択されました。まずはそこを舞台にいろんな挑戦ができればと思います。なんでも行政に任せきりにせず、たとえば市民が公園を管理するNPOを立ち上げたり、オーガニックスーパーを自分たちで誘致して運営したり。もともと世田谷区は市民活動が活発なので、そうした活動が起きやすい土地柄だと思います。

コストとして1回使ったら終わりじゃなくて、そこに小さな個人資産、社会資産が形成されていくような事業をやっていきたいんですよね。対立構造じゃなくて、ある意味都合よくグローバルを使っていいしローカルも使っていいし、民主主義的でもいいし、資本主義的でもいい。選択肢は多い方がいいわけですから。

――小野さんの目線で地域を「パークナイズ」していくとしたら、どんな切り口があると思いますか?

人の目に見えるところで、自分がやりたいことを試してみる。公園はその練習をすることが許されている場所だと思います。日本の人たちは公園の使い方があまり上手くないなって思うんですよね。本来はみんなのための空間なのに、周りの目を気にして自由に振る舞ってはいけない雰囲気を感じているというか。

試しにマーケットに出してみるとかいいんじゃないですか。家の軒先に自分の読んだ本を並べてみたり。「まだ趣味なんで」とか言い訳しながらでも、まずやってみることが大事。それが新しい事業につながるかもしれないし、「うちで働きなよ」と声がかかるかもしれないし、単純に自分の好きなことを通じて友達が増えたら幸せを感じられるかもしれないし。

――アクションをつくること自体が「パークナイズ」ということですね。僕たちは空間発想だけど、小野さんの場合はアクションが発想のもとになっているんですね。面白い。

外の使い方だけじゃなくて、店の使い方もかなり肝ですね。日本は家が狭くてなかなか人の家に行くハードルは高いですし、外でどう振る舞うかがすごく大事。そうしないとその人の人格がわからないですよね。インスタグラムみたいな感覚で、リアル空間で何かしてみる。そうした動きが連鎖していくといいですよね。

Profile

小野裕之(おの・ひろゆき)　1984年岡山県生まれ。中央大学総合政策学部卒業。ベンチャー企業を経て2012年、ソーシャルデザインをテーマにしたウェブマガジン「greenz.jp」を運営するNPO法人グリーンズを共同創業。2020年春には、マスターリース運営会社として株式会社散歩社を創業し、現代版商店街「BONUS TRACK」を下北線路街にて開業。同施設でグッドデザイン賞ベスト100(2021年)受賞。

Interview 02

データ活用が都市計画・まちづくりの民主化を進める

東京大学先端科学技術研究センター

吉村有司さん

スペイン・バルセロナ市では、「スーパーブロック」という、都市を車のための場所から、人々のための空間に転換する計画が全域で展開されており、これには定量的なビッグデータが使われている。Open A／公共R不動産が手掛けるプロジェクトでは極めて定性的なデータは得られるが、こうした空間がなぜ求められるのか、その先に何があるのかについて語りきれないもどかしさもある。データに裏付けされた目線から、今後の都市を考えるヒントを探りたい。

interview 馬場正尊　text 木下まりこ

多様化する時代の定量的都市計画・まちづくりとは

——吉村さんは、バルセロナでの行政勤務やマサチューセッツ工科大学（MIT）での研究を通じて、ビッグデータを用いた都市計画・まちづくりの経験が豊富です。定量的な都市データをもとに都市計画にパラダイムシフトを起こそうとされている吉村さんは今、何を企んでいるのでしょうか（笑）。

行き当たりばったりの人生ですから、何も企んでないですよ（笑）。でも、これだけ社会の価値観が多様化しテクノロジーの変化もあるなかで、今までのようなトップダウンの都市計画のあり方だけでは人々の理解を得るのはどんどんと難しくなっていくと思われます。皆が納得する形での合意形成が今まで以上に求められるようになってくるのではないでしょうか。その時に一番良いのは、データを元に「これだけ都市／生活の質が良くなるからやりませんか？」と示すことです。これが都市計画やまちづくりの大前提になってくると思います。

ただ、その時に大問題だと思っているのが、日本の建築・都市計画・まちづくりの分野に、プログラミングの教育を受けた、いわゆる「ビッグデータ」を扱える人材がほとんどいないことです。

——確かに建築や都市計画の分野とコンピュータサイエンスの分野が分かれてしまっていますね。

コンピュータサイエンスの分野から人材を引っ張ってこようとすると、Googleのような巨大IT企業が競合になってしまう。これは頭が痛い問題です。ただ、生まれた時からiPhoneが存在する世界に育ったデジタルネイティブ世代は、データでもプログラミングでも「触ってみたら意外とできた」という話もよく聞きます。

解決策のひとつとして、建築や都市計画分野の学生に、たとえば「Python」のような直感的に理解できるプログラミング言語のツールをなるべく早い段階で触ってもらい、馴染んでもらうことが重要だと思っいます。データを使って計画やデザインすることが当たり前になってくれば、今とはまったく違う方向から都市を良くしていける可能性が出てきます。それを後押ししていくのが、今の僕の社会的な役割かなと。

――海外ではまた状況が違いますか?

まったく違いますね。MITで教えていて衝撃的だったのは、建築・都市に特化したスタートアップがいくつも生まれていたことです。スタートアップを育てるための「MITdesignX」というピッチイベントもあります。そこにVC(ベンチャーキャピタル)が参加して、どのプロジェクトに出資するかを決めるんです。

常に最高の人材を探している貪欲なテック系の企業はMITの卒論・修論の発表会や、先ほどのMITdesignXなどにも顔を出していて、そこで目を付けた学生をヘッドハンティングしていきます。またGoogleやAmazonなどがキャンパス内に研究所を持っているので「次の3カ月は企業に行って半年後にまたラボに戻ってくる」といった人の行き来も盛んです。

――そういえばカリフォルニア大学ロサンゼルス校(UCLA)で教鞭をとっている阿部仁史さんが、「ロサンゼルスの都市構造を変えたのは建築家でも都市計画家でもなくてUberだ」という話をしていました。都市計画家たちが時間をかけて提案した交通政策でも解消できなかった渋滞の問題を、Uberによって解決されてしまい、アイデンティティが揺さぶられたと。

僕の教え子のひとりがUberに就職したのですが、社内に蓄積されている大量のデータを使って何かできないかと僕に相談してきたことがありました。当時、僕は都市の歩行者空間化によって、小売店や飲食店の売り上げがどう影響されるのかについて、クレジットカード情報を用いて検証していて*1、その研究で忙しく手が回らなかったのですが、その話を横で聞いていた同僚が興味を示し、同じエリアから同じ方向に向かう乗客同士が相乗りできるシステムを構築しました。この論文は雑誌

「Nature」に掲載され、その後ライドシェアの理論的なバックボーンとなりました。

*1 Yoshimura, Y., Kumakoshi, Y., Fan, Y., Milardo, S., Koizumi, H., Santi, P., Murillo Arias, J., Zheng, S., Ratti, C., 2022, “Street pedestrianization in urban districts: Economic impacts in Spanish cities”, Cities, 120, https://doi.org/10.1016/j.cities.2021.103468

――都市計画とスピード感が全然違いますね。都市を人に置き換えた時、道路などのインフラが骨格だとすると、Uberは神経のような存在ですよね。この2つのスピード感の乖離にもどかしさを感じていたのですが、今の話はその問題意識をさらに深めました。

このスピード感に、ビッグデータやAIを使うパワーが現れていますよね。日本では、建築・都市計画分野のスタートアップ企業はまだまだ少ないですが、そこに「起業」という可能性があることを知らないだけなんです。1つ成功事例が出てくれば、どんどん後に続くと思います。僕は今でこそ大学で教えていますが、長年実務の現場にいて、スタートアップ企業を立ち上げた経験もあります。だからこそ、若い世代にそうした経験を伝えてサポートしたいと思っています。

道路のパークナイズ？スーパーブロック・プロジェクト

――スペイン・バルセロナ市は、市内全域に歩行者空間化を適応するプロジェクト「スーパーブロック」を展開しています。道路を車から歩行者のためのものに変換する、まさに「パークナイズ」なプロジェクトです。吉村さんは、その前身となる「グラシア地区歩行者空間計画」（2005～2007年）に関わられ、計画から実装までのプロセスを一通り見てこられています。どのようなプロセスを経て可能になったのでしょうか。

バルセロナが長期間にわたって計画してきた「スーパーブロック」のパイロット・プロジェクトの対象地として選ばれたグラシア地区は、車が

スーパーブロックのパイロット・プロジェクトとして実施されたグラシア地区

発明される以前に形成された村（17世紀が起源）を中心に発展してきた歴史ある地区ですが、道幅も狭く、渋滞や排気ガスの蔓延、子どもの遊び場の不足などが問題となっていました。

僕がこのパイロット・プロジェクトに関わるようになったのは、本当に偶然でした。バルセロナ都市生態学庁*2には、公共空間のデザインをしたいと思って入庁したものの、交通計画の部署に配属となり、ICTを用いた交通計画と、歩行者空間化の前段階のデータ分析を担当することになってしまったのです。当時は嫌で嫌で仕方なかったのですが、やってみたら案外面白かったんです。昔からプラモデルが大好きだったのですが、細かいデータを集めて整形するのはどこかそれに似ていて、自分の性に合っていたんでしょうね。

*2 BCNecplogia：都市を生態系（エコシステム）として捉え、分析されたデータに基づき政策提案を行い、持続可能な都市づくりに取り組む行政組織。

――今でこそ公共空間の歩行者空間化は世界中で行われていますが、当時は、世界でも初期にあたる実験だったと思います。車中心社会ではそう簡単にはいかなかったでしょうね。

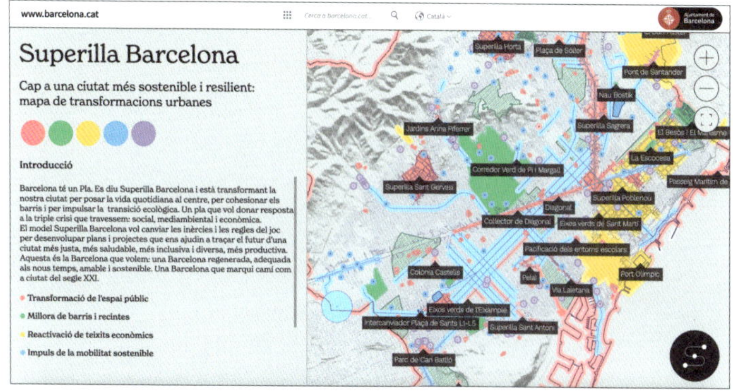

上左 / スーパーブロックによる変化のビジュアライズ。スーパーブロックとは、バルセロナ市の碁盤の目状に区分けされたブロックの9つを1単位とし、内側への自動車交通を抑制、自転車と歩行者の利用を主体とするプロジェクト。市内の約60%の街路を歩行者空間に変更することが意図されており、パイロット・プロジェクトの実施を経て、2016年から実施されている
上右 / 2005年に行われたグラシア地区歩行者空間化の展覧会のパンフレット
下 / バルセロナのスーパーブロックの現況図

それはもう大反対の嵐でした。僕は建築家として歩行者空間化は絶対的な正義だと信じていたので、とてもショックでしたね。特に強く反対していたのが、地元の小売店や飲食店の人々で、彼／彼女らは車の通行を禁止すると、車で買いに来ていた人たちが来なくなり、売り上げが下がる、という理由で反対していたのです。車が入れなくなれば歩行者量が増えるから、むしろ売り上げは上がるだろうというのが我々の仮説で、その程度の研究は都市計画の長い歴史のなかでやられているだろうと軽く思っていました。また、それを裏付けるデータも1つくらいはあるだろうと楽観視していたのですが、なんとなかったんです（笑）。

――歩行者空間化の有効性に関するデータがないなかで、どうやって突破したのですか？

バルセロナは良くも悪くも自治体のリーダーシップが強いんです。日本では、「公平性」や「平等性」が重視される一方で、強く反対するのはごく少数だったりしますよね。一部の声の大きい人の都合で、その他大勢の人たちが気持ち良く過ごせない場面に往々にして出会います。1人の苦情も出さないことが「平等」であり、それが民主主義だと勘違いをしている感があります。しかしこれだけ多様な社会になってくると、すべての人を満足させる政策なんてものはほぼ不可能です。そうすると、だいたいの人が方向性を共有しているとか、7割くらいが同意していればよいと考えることも必要となってくると思います。「バルセロナでは」「欧米では」という言い方はあまり好きではありませんが、

2016年に実施された、スーパーブロックのパイロット・プロジェクト

その辺りの合意形成の仕方とかルールのつくり方は見習うべき点が多々あると思います。グラシア地区の時もそうでした。

また、歩行者空間化のビジュアライゼーションにも取り組みました。2005年に、市民に向けて歩行者空間化プロジェクトの展覧会を開催したのですが、この時につくったのが、歩道をすべてグリーンに塗ったマップです（p.259 上右図）。プライベートスペースを黒く、パブリックスペースを白く示した「ノッリの図」は、槇文彦さんなど建築家がよく引用する有名な街の図ですが、ここでは街路を緑色に塗って、公園のような見せ方を意図しています。いわば「車道のパークナイズ」のビジュアライゼーションですね。

2007年に歩行者空間化が実施されると、この地区にはたくさんの魅力的なお店がオープンし始めました。街の雰囲気がすごく良くなり、バルセロナでも一、二を争うほどのお洒落な地区に変貌を遂げたんです。それを見た他の地区にも歩行者空間化の動きが広がりました。

また、当時は証明できなかった歩行者空間化の有効性について、2022年に出版した前述の論文*1で、ようやくその経済効果を裏付けるデータを出すことができました。ランチやディナー、コーヒーといった体験型の消費活動は、車中心で編成されている道路よりも、歩行者で賑わいをみせる街路の方が好まれるというこれまでの言説を、データサイエンス的な視点から定量的に説明できたのです。また「飲み屋だけ」とか「カフェばかり」というエリアよりは、カフェもあれば服屋もあってレストランもあるというような店舗の多様性が高いエリアの方が、エリアとして売上が高くなるという検証結果も出ています*3。

これはジェイン・ジェイコブズが観察から導き出したもの（『アメリカ大都市の死と生』(1961)）ですが、この理論を世界で初めてデータで実証したと言えると思います。

*3 Yoshimura, Y., Kumakoshi, Y., Milardo, S., Santi, P., Murillo Arias, J., Koizumi, H., Ratti, C., 2021, “Revisiting Jane Jacobs: Quantifying urban diversity”, Environment and Planning B: Urban Analytics and City Science, https://doi.org/10.1177/23998083211050935

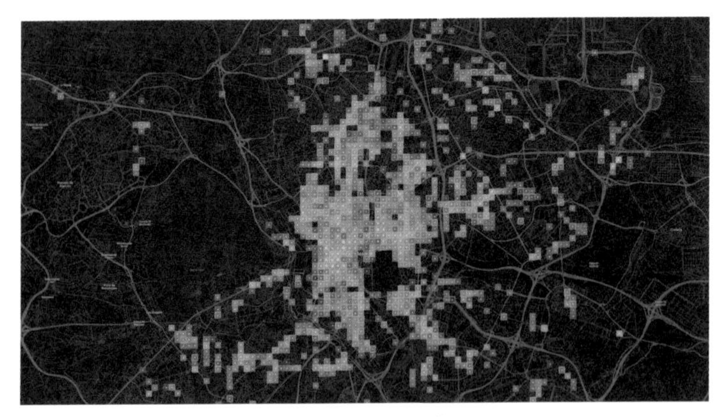

生物多様性指標を用いたジェイコブズの都市多様性の視覚化

民主化の象徴としてのデータと多様なチームアップ

――それにしても、バルセロナは早期からデータを元にした都市計画が行われていたことに驚きます。

日本のデジタル庁にあたるバルセロナ情報局（Institut Municipal d´Informàtica de Barcelona）の歴史は古く、1929年に構想が始まっています。組織として立ち上がったのが1967年。コンピュータの第一世代が出た頃です。そこから60年近く、デジタルテクノロジーを用いた市民生活の質の向上を模索しながらも、都市データを取り続けています。発足当時の予算は数億円程度の規模だったのですが、現在では年間予算が約100億円、専門職員が約260人勤務しています。これぐらいの規模があるとDecidim*4のような取り組みも可能になります。

*4 バルセロナ市で開発された市民参加で合意形成するためのデジタルプラットフォーム。オンラインで多様な市民の意見を集め、議論を集約し、政策に結びつけていくための機能を有する。日本語で読める詳細は、輿石彩花、後藤智香子、新雄太、矢吹剣一、吉村有司、小泉秀樹「日本における住民参加型まちづくり手法としてのオンラインプラットフォーム「Decidim」の活用実態萌芽期における導入事例の比較から」都市計画論文集57(3)。

——そんなに長い歴史があるとは！組織の規模も日本とは桁違いですね。

スペインは都市計画にデータを持ち込んだ初めての国でもあるんです。城郭都市だったバルセロナにグリッドシステムを取り入れ、市街地を拡張したのが土木技師だったイルデフォンソ・セルダです。彼は市壁内の劣悪な環境で暮らしていた労働者たちの家々を回り、インタビューや観察などを通して膨大なデータを集め、それに基づき、グリッド都市をつくりだしました。また、アーバニズムという言葉の起源をつくったのも彼です（『都市化の一般理論』(1867)）。ここからは僕の仮説なのですが、セルダ以降、バルセロナでは当たり前のように都市を計画する際にデータが使われてきたので、今でもデータに対するアレルギーが少ないんじゃないか、と。

——データ活用が空気のような当たり前の存在になっていたが故にデータ参入のハードルが下がったということですね。

そうなのです。だからこそ、何はともあれ「データに触ること」が大事だと思うのです。データを毛嫌いしたり、「データ」と聞くだけで「ああぁ」とならないためにも。そのように裾野を広げていった先に可能性があるということをバルセロナの取り組みは教えてくれます。

——バルセロナの都市計画に関わられて印象的だったことはありますか？

都市生態学庁に勤めていた時に、一番最初に参加した打ち合わせの風景が忘れられません。都市計画の話なので参加者は建築家やプランナーだとばかり思って現場に行ったら、そこには物理学者や数学者、水や緑の専門家などが続々と集まっていました。世界的に著名な交通工学者が交通シミュレーションのデータを見せてくれたり、物理学者が大気汚染のデータを見せてくれたり。データを通じて都市計画を語ると、説得力がまったく違い、「これからはデータの時代だ」と感じた瞬間でした。ちなみに僕が勤めていた時の都市生態学庁は、総勢30人いた中で建築家・

プランナーは僕を含めて3人だけでした。長官のサルバドール・ルエダ氏は心理学と生物学を修め、今ではハーバード大学デザイン大学院（GSD）で教えたりもしています。

――多様なメンバーですね。そこで僕たちのような建築家にやれることがあるとすると、バラバラに存在する情報を組み合わせて体系化したり、実装化させたりすることでしょうか。

建築家・プランナーの役割や強みについては当時相当悩みました。数式で交通を説く交通工学者や、大気汚染データの統計分析で都市計画に迫っていく環境工学者などに対して、建築家である僕には一体何ができるのだろう、と。「絵が描けます」「スケッチができます」で本当に良いのだろうか、と。でもある時、それこそが建築家の強みだと理解できたのです。みんなの話を統合して絵を描くこと、厳密なサイエンスではないからこそ、圧倒的なジャンプができること、それらを都市のビジョンとして示しながらみんなと共有できること、それが建築家の強みです。最適解を出すことは大切です。圧倒的なデータ量だからこそ人工知能の力を借りて答えに早く辿り着くことは、今後の我々の都市環境を確実に良くします。しかし厳密な解を求めないからこそできることもたくさんあります。たとえば、A点からB点まで移動する際に、最短経路ではないけどちょっと寄り道することによって桜の花が見えて幸せを感じるとか、3分遅く着いてしまうけど日陰がたくさんあって歩きやすいとか。僕はそのような、圧倒的なデータ量を用いながらも「最適化ではない方向性」にとても魅力を感じてしまいます。

「民」発信の都市計画とパークナイズ

――日本の都市が、さらに先に進むためには、異分野とのコラボレーションが必要だなと痛感します。どこから手をつけていけばいいのでしょう。

最近「経年優化」なんて言葉がよく聞かれますよね。とてもよいコンセプトだけど説明しづらいなと。僕はオタクなので、その時に、ももクロ（ももいろクローバーZ）なんかがヒントになると思っているんです。

歳を重ねるごとに味が出てくる、価値が出てくるというのが経年優化の基本的な考え方だと思うのですが、この考え方と対極にいるのが最近のアイドル業界だと思います。そんななかで、ももクロは歳を重ねるごとに、その歳に見合った魅力を発信し続けている。また漫画『葬送のフリーレン』は、それまでに訪れた街を再訪することによって、その街の記憶や愛着を探していく旅の物語、つまりは「街にどう付加価値を付けていくのか」という物語と読むことができます。

どちらも「街を育てる」という視点が入っており、そういうアイドルグループのプロデューサーや漫画家に、都市の「経年優化」について聞いてみても面白いなと思います。……というのは一例ですが、そのくらい領域を大胆に横断して話をしていくのが重要だと思っています。

――面白いなあ。日本では都市の話をする時に、巻き込む領域が狭すぎるのかもしれないですね。吉村さんは国や自治体の委員会などに呼ばれることも多いと思うのですが、日本の都市をどんなふうに見ていますか？

日本はとかく欧米をお手本としがちですが、日本固有の歴史や社会、文化に基づいたまちづくりをした方が良いと思っています。たとえば日本では誰が都市をつくってきたかというと、圧倒的に鉄道事業者やデベロッパーなどの「民」なんですよね。世界広しと言えども、他にそんな国はありません。民がある程度の公共的な意識を持ちつつ街をつくっているところがとてもユニークだと思います。

――まさに本書では、民間が公共性を意識した空間の使い方をパークナイズとして多く取り上げています。これも民間発信の都市計画と言えるかもしれません。

その動き自体が面白いので無理に西洋化する必要はないとは思うの

ですが、個人的には大きなビジョンだけは官が示してほしい。

―― 今、オープンデータや生成AIの登場により、特定の企業に独占されていた情報（データ）のオープン化が進んでいますよね。そこから大きな変革が起こりそうで、ワクワクしています。吉村さんは今の状況をどのように見ていますか？

行政の持つデータのオープン化の動きが目覚ましいですね。国土交通省が主導する、日本全国の3D都市モデルの整備・オープンデータ化プロジェクト「PLATEAU」や、東京都の主導する、「東京データプラットフォーム（TDPF）」などには注目しています。

最近、近代の都市理論をデジタルテクノロジーで読み替える研究を進めていて、そのなかのひとつとして丹下健三を調べています。丹下さんはデータサイエンティストとしての側面も持っていたというのが僕の仮説です。データから都市のストラクチャーを読み解き、「東海道メガロポリス」や「東京計画1960」といった構想につなげている。今でいうところの地域経済分析システム「RESAS」（経済産業省）のようなデータを用いて経済の流れや人流分析などをしているのです。

生成AIの登場も大きな要素です。プログラミングの技術がなくても、誰もがある程度はAIを使えるようになったのはとても大きな変化です。これはまさにAIの民主化と言えると思います。たとえば「Stable Difusion」などの画像生成AIもすごく面白くて、世界中の人たちが頭の中で思っている「都市のイメージ」が今どんどん生成されていると捉えることができます。こうした新しい技術をどう使っていくか、どのように街を切り取っていくかというところが勝負所ですね。

―― そうしていろいろ試しているうちに大きな飛躍があるんだろうな。

2022年、高等専門学校のデザインコンペティション全国大会で審査委員長を務めたのですが、課題が、PLATEAUの3D都市モデルを題材にしたものでした。高知高専のグループが最優秀賞を受賞したのですが、街のビルの高さや属性をインプットした3D都市モデルからよさこいの音楽をつくるというアイデアで、とても新鮮でした。しかも当日のプレゼンでリアルタイムで音楽を奏でる実装までしていた。このような柔軟な発想と実装力は、ネクタイをしめた我々大人からは絶対出てこないだろうなと思ったので最優秀賞に推しました。このように若い世代が新しい技術をどんどんと使い始めていくと、我々の世代では思いもつかないような飛躍が出てくると思います。

——僕たちが運営している「公共R不動産」でも今後は新しい都市政策の方法論も探っていきたいと思っているところです。今はまだまだ定性的なメディアですが、ぜひ一緒に企みましょう。

公共R不動産が開催する「公共空間逆プロポーザル」は、ボトムの声を大きくしてトップに届けるボトムアップ的なアプローチが、とても面白い取り組みだと思って見ています。ちなみにこれは「スタ誕」が元ネタですよね（笑）。ひとつのプロジェクトに対して、それに興味のある自治体さんなどがプラカードを挙げる風景は圧巻です。「パークナイズ」も、「公園」というキーワードをきっかけに、公共空間ひいては都市の民主化についてアプローチしようとしている、と言えますね。……と、そんなまとめでよいでしょうか？（笑）

Profile

吉村有司（よしむら・ゆうじ）　建築家。1977年愛知県生まれ。2001年よりスペインに渡る。ポンペウ・ファブラ大学情報通信工学部博士課程修了。バルセロナ都市生態学庁、マサチューセッツ工科大学研究員などを経て、2019年より東京大学先端科学技術研究センター特任准教授。ルーヴル美術館アドバイザー、バルセロナ市役所情報局アドバイザー。主なプロジェクトに、ビッグデータを用いた歩行者空間化が周辺環境にもたらす経済的インパクトの評価手法の開発など。データに基づいた都市計画を行うアーバン・サイエンス分野の研究に従事。

おわりに

言葉がプロジェクトや状況を牽引していくことがある。「PARKnize／パークナイズ」という言葉は、そんな力を持っているかもしれない。「都市の中に公園がある」というイメージから「公園の中に都市がある」というイメージへと変換した時、突然、近未来の都市の風景が広がった。まるで都市がそれを待っているかのような気がした。その言葉の発見と共に、この本が持つべきメッセージが決まったと思う。

ここ数年、具体的なプロジェクトを通して新たな公園の姿を追い求めてきた。本の前半ではその試行錯誤を、そしてその突き抜けた先を後半に描こうとした。近代が100年かけてつくってきた都市の骨格に対し、僕らはどう付き合えばいいのか。その探求のプロセスでもある。

この本は、Open Aと公共R不動産の有志によって制作されている。たくさんの文章を書き、複雑な内容を編集してくれた木下まりこ、中島彩、両氏の能力と尽力によって。また、実践に裏付けされたマネジメントの専門知識をインストールしてくれた公共R不動産の飯石藍と菊地純平。チャーミングなイラストで世界観を表現した小川理玖。企画からリサーチ、執筆までを共にした和久正義をはじめ、さまざまなプロジェクトに関わったOpen Aのメンバーたち。多彩なキャラクターと総合力により、この本はできあがっている。

ここで紹介しているプロジェクトは、竣工当時の情報をベースに一部は追加取材をしたものである。時間が経つにつれ、風景も運営も、時には事業手法すらも変わる可能性があるが、ご理解いただけたら幸いだ。

最後に、いつもながら、僕らの迷走や乱筆に根気よく付き合っていただき、完成まで導いてくれた学芸出版社の宮本裕美さんには最大限の感謝をしたい。

2024年9月　馬場正尊

図版クレジット

阪野貴也：p.7
阿野太一：p.10、137(下)、139(下左)、142、149(下)
Google Earthの画像を加工：p.11、234-235
水田秀樹：p.34-35
株式会社まめくらし：p.46-47
楠瀬友将：p.58-59、63(上左・上右・下右)、84-85、86(下左・下右)、89、92-93、96-97、146-147、150、155、171(下)、172-173
高橋株式会社：p.60(下)、63(下左)、100(上)
特定非営利活動法人NPO birth：p.68(左)
園田聡：p.68(右)
志鎌康平：p.72-73、75(下)、76、77、79(下)
横山麻衣：p.113(下左)
株式会社スルガスマイル：p.113(下右)
丘の途中のマーケット実行委員会：p.125(上)
飯田圭：p.125(下左・下右)
kawasumi kobayashikenji photograph office：p.134-135、139(上)、139(下右)
平成30年度 江北町「みんなの公園」基本計画：p.138
みんなの公園：p.143
Kenta Hasegawa：p.151、154(上左)、212-213
佐伯慎亮：p.158-159
足袋井竜也：p.168-169、171(上)、177
福山電業株式会社：p.170(右)
松村康平：p.184-185
シン設計室：p.188-189
New York City Tree Map ウェブサイト(https://tree-map.nycgovparks.org)：p.192-193
ハバタク株式会社：p.196-197
Hufton + Crow：p.200-201
鈴木文人：p.208-209
有限会社ハートビートプラン：p.216-217
株式会社新建築社：p.218-219
Laurian Ghinitoiu & BIG：p.224-225
Ossip van Duivenbode：p.228-229
Steve Bateman：p.232-233
Greg Balfour Evans / Alamy Stock Photo：p.233(下)
森田純典：p.240、243、246、247
株式会社ツバメアーキテクツ：p.242
BONUS TRACK：p.250
高橋菜生：p.254
吉村有司：p.258、259(上右)、262
BCNecologia- 20 years of the Urban Ecology Agency of Barcelona (https://www.barcelona.cat/en/discoverbcn/publications/bcnecologia-1)：p.259(上左)、260
バルセロナ市役所ウェブサイト(https://www.barcelona.cat/)：p.259(下)

特記なき図版：Open A、公共R不動産

著者

馬場正尊（ばば・まさたか）

Open A代表／公共R不動産プロデューサー／東北芸術工科大学教授。1968年生まれ。早稲田大学大学院建築学科修了後、博報堂入社。2003年Open Aを設立。建築設計、都市計画まで幅広く手がけ、ウェブサイト「東京R不動産」「公共R不動産」を共同運営する。近作に「佐賀城内エリアリノベーション」「泊まれる公園 INN THE PARK」など。近著に『テンポラリーアーキテクチャー：仮設建築と社会実験』『公共R不動産のプロジェクトスタディ：公民連携のしくみとデザイン』など。

飯石藍（いいし・あい）

公共R不動産／株式会社nest。上智大学文学部新聞学科卒業。公共R不動産の立ち上げから関わり、メディア企画・編集をメインに、「NEXT PUBLIC AWARD」や「公共空間逆プロポーザル」等の企画、コンサルティングも実施。東京都豊島区にて、道路を活用して社会実験からハード整備や都市政策につなげるプログラム「IKEBUKURO LIVING LOOP」の企画・推進にも携わる。共著に『公共R不動産のプロジェクトスタディ：公民連携のしくみとデザイン』。

小川理玖（おがわ・りく）

Open A。1993年生まれ。日本女子大学住居学科卒業。千葉大学大学院工学研究科修了。2018年ゼネコン設計部入社、2022年よりOpen A。設計業務の傍ら、公共R不動産のまちづくりビジョン策定業務に携わる。建築雑誌などのイラストレータとしても活動中。

菊地純平（きくち・じゅんぺい）

Open A／公共R不動産。1993年生まれ。芝浦工業大学工学部建築学科卒業。筑波大学大学院デザイン学修了。2017年UR都市機構に入社し、団地のストック活用・再生業務を担当。2019年Open A／公共R不動産に入社し、公共空間活用事業に携わる。共著に『テンポラリーアーキテクチャー：仮設建築と社会実験』。

木下まりこ（きのした・まりこ）

Open A／公共R不動産。2009年法政大学大学院工学研究科修了後、新建築社に入社し、建築雑誌『新建築』などの編集を担当。2020年よりOpen A／公共R不動産にてメディア企画・編集・公共空間活用事業に携わる。共著に『テンポラリーアーキテクチャー：仮設建築と社会実験』。

中島彩（なかしま・あや）

Open A／公共R不動産。米国オレゴン州ポートランド州立大学コミュニケーション学部卒業。メディアジーン社のウェブメディア編集長を経て独立。2016年より山形市にて、移住定住を目的としたローカルメディアの立ち上げと編集に参画。2018年よりOpen A／公共R不動産にてメディア企画・編集に関わりながら、公共空間やまちづくりをテーマに取材や執筆を行う。

和久正義（わく・まさよし）

Open A。1994年生まれ。早稲田大学創造理工学部建築学科卒業。同大学院建築学専攻修了。2020年Open Aに入社。2022年より大阪を拠点に「門真市駅周辺エリアリノベーション事業」等に携わる。デザインコレクティブ「REPIPE」代表として仮設空間の設計・施工も手掛ける。

編者

Open A（オープン・エー）

建築設計を基軸としながらリノベーション、公共空間の再生、地方都市の再生、本やメディアの編集・制作を横断的に行う。2003年創業。
https://www.open-a.co.jp

公共R不動産

「公共空間をオープンに」をコンセプトに、公共空間の活用事例やプロセスをアップデートするためのコラムなど、公共空間がもっと楽しく使える社会を目指し、さまざまな情報発信を行うメディア。自治体のコンサルティングや、公共不動産の情報を集約・発信する「公共不動産データベース」の運営も行う。
https://www.realpublicestate.jp

パークナイズ
公園化する都市

2024年9月20日　初版第1刷発行
2024年12月30日　初版第2刷発行

編者　Open A、公共R不動産
著者　馬場正尊、飯石藍、小川理玖、菊地純平、木下まりこ、中島彩、和久正義
発行所　株式会社学芸出版社
京都市下京区木津屋橋通西洞院東入
電話 075-343-0811
発行者　井口夏実
編集　Open A、宮本裕美（学芸出版社）
デザイン　鈴木麻祐子
印刷・製本　シナノパブリッシングプレス

ISBN978-4-7615-2902-4

テンポラリーアーキテクチャー　仮設建築と社会実験

Open A・公共R不動産 編　四六判・224頁・定価2300円＋税

都市再生の現場で「仮設建築」や「社会実験」が増えている。いきなり本格的な建築をつくれなければ、まず小さく早く安く実験しよう。本書は、ファーニチャー／モバイル／パラサイト／ポップアップ／シティとスケール別に都市のアップデート手法を探った、事例、制度、妄想アイデア集。都市をもっと軽やかに使いこなそう。

公共R不動産のプロジェクトスタディ
公民連携のしくみとデザイン

公共R不動産 編、馬場正尊ほか著　四六判・208頁・定価2000円＋税

公共空間の活用が加速している。規制緩和が進み、使い方の可能性が広がり、行政と民間の連携も進化。本書は企業や市民が公共空間を実験的／暫定的／本格的に使うためのノウハウを、国内外のリノベーション活用事例、豊富な写真・ダイアグラムで紹介。公共空間をもっとオープンに、公民連携をもっとシンプルに使いこなそう。

CREATIVE LOCAL　エリアリノベーション海外編

馬場正尊・中江 研・加藤優一 編著　四六判・256頁・定価2200円＋税

日本より先に人口減少・縮退したイタリア、ドイツ、イギリス、アメリカ、チリの地方都市を劇的に変えた、エリアリノベーション最前線。空き家・空き地のシェア、廃村の危機を救う観光、社会課題に挑む建築家、個人事業から始まる社会システムの変革など、衰退をポジティブに逆転するプレイヤーたちのクリエイティブな実践。

エリアリノベーション　変化の構造とローカライズ

馬場正尊＋Open A 編著　四六判・256頁・定価2200円＋税

建物単体からエリア全体へ。この10年でリノベーションは進化した。計画的建築から工作的建築へ、変化する空間づくり。不動産、建築、グラフィック、メディアを横断するチームの登場。東京都神田・日本橋／岡山市問屋町／大阪市阿倍野・昭和町／尾道市／長野市善光寺門前／北九州市小倉・魚町で実践された、街を変える方法論。

PUBLIC DESIGN　新しい公共空間のつくりかた

馬場正尊＋OpenA 編著　四六判・224頁・定価1800円＋税

パブリックスペースを変革する、地域経営、教育、プロジェクトデザイン、金融、シェア、政治の実践者6人に馬場正尊がインタビュー。マネジメント／オペレーション／プロモーション／コンセンサス／プランニング／マネタイズから見えた、新しい資本主義が向かう所有と共有の間、それを形にするパブリックデザインの方法論。